绿芦笋优质高产栽培

章忠梅　编著

U0272599

中国农业科学技术出版社

图书在版编目（CIP）数据

绿芦笋优质高产栽培 / 章忠梅编著. —北京：中国农业科学技术出版社，2019.12

ISBN 978-7-5116-4530-2

Ⅰ.①绿… Ⅱ.①章… Ⅲ.①石刁柏—蔬菜园艺 Ⅳ.①S644.6

中国版本图书馆 CIP 数据核字（2019）第 263428 号

责任编辑　金　迪　崔改泵
责任校对　马广洋
出 版 者　中国农业科学技术出版社
　　　　　北京市中关村南大街12号　　邮编：100081
电　　话　（010）82109194（编辑室）　（010）82109702（发行部）
　　　　　（010）82109709（读者服务部）
传　　真　（010）82106650
网　　址　http：// www.castp.cn
经 销 者　各地新华书店
印 刷 者　北京地大天成文化发展有限公司
开　　本　880mm×1 230mm　1/32
印　　张　3
字　　数　85千字
版　　次　2019年12月第1版　2019年12月第1次印刷
定　　价　38.00元

《绿芦笋优质高产栽培》

编著委员会

主 编 著：章忠梅

编著人员：吴剑男　裘希雅　张海娟　张权芳

胡敏骏　孙军华　顾万帆　陈春华

金小华　陈健根　章浩忠　董庆富

Preface 前　言

　　芦笋营养丰富，风味鲜美，具有较高的保健价值，被誉为"蔬中之王"。

　　由于芦笋的生产属劳动密集型产业，发达国家逐渐丧失其生产优势，不断向发展中国家转移。因此，全世界芦笋种植总趋势是欧美发达国家种植面积不断减少，亚洲发展中国家面积逐渐扩大；绿芦笋种植面积呈上升趋势，白芦笋种植面积在逐渐减少。2008年全世界白芦笋和绿芦笋分别占芦笋生产总量的43%和57%，绿芦笋开始超过白芦笋。亚洲国家过去无芦笋消费习惯，随着生活水平的提高，食品结构的改变，也兴起了吃芦笋的习惯。芦笋因其较高的营养价值和药用功效，成为当今国际市场上较畅销的蔬菜，消费量日益增多，刺激芦笋种植增加。

　　近年来，由于国内生活水平的不断改善，以及消费者对芦笋营养保健价值的认识提高，国内市场消费量剧增，主要以鲜销的绿芦笋为主。在一些大中城市，消费芦笋已成为一些市民的日常行为，有的城市把芦笋纳入"菜篮子"工程，在市郊建立芦笋生产基地。以浙江省杭州市富阳区为例，自1985年开始引进种植芦笋，经受住了茎枯病的毁灭性侵袭和白芦笋出口受阻的打击，成为浙江省最大的绿芦笋生产基地、著名的中国绿芦笋之乡。但随着工业化、城镇化的进展，耕地资源越来越紧缺，富阳区的芦笋种植面积已从高峰期的880公顷下降到533公顷。由于芦笋经济效益高，老芦笋基地的农民不仅拥有技术优势，而且有着深厚的芦笋情结，于是出现了同一块芦笋地多次重复种植芦笋的现象。

芦笋是一种多年生作物，一年定植多年收获，特殊的生态环境使芦笋在其一生的生育期内容易出现连作障碍，生育期越长连作障碍越严重。多年生作物连续多次种植，更加剧了连作障碍。为此，我们于2010—2013年组织实施了《芦笋更新连茬技术研究与推广》，试验总结出一套"芦笋重茬连作高产技术"，较好地克服了芦笋连作障碍问题。为进一步促进芦笋生产可持续发展，在前期试验研究的基础上，示范推广"芦笋重茬连作高产技术"，并于2017—2018年组织实施《芦笋可持续生产高效生态关键技术研究与推广》项目。在项目实施基础上，经过总结、整理，组织编写了《绿芦笋优质高产栽培》，希望通过本书向广大基层农技推广人员和芦笋专业种植户提供芦笋连作障碍防控技术，进一步促进效益芦笋、绿色芦笋、精品芦笋的发展。

本书图文并茂，共收录实地拍摄的高清照片70余张，注重科学性、实用性、针对性，以读者至上为宗旨，力求通俗易懂、生动有趣。

本书的写作前后历时四年，但鉴于作者是首次撰写，水平有限，不妥之处在所难免，恳请专家和广大读者批评指正。

编著者

2019年8月于杭州

Directory 目　录

第一章　芦笋概论

芦笋又名石刁柏，以其柔嫩的幼茎作为蔬菜食用。春天芦笋的嫩茎齐刷刷地破土而出，形如古代武器"石刁"（图1-1），以后又长出有如松柏一样的针叶，故名石刁柏。芦笋是上海人对它的俗称，因其食用器官——刚从土中长出的嫩茎，像竹笋一样。现今，我国南北各地皆以芦笋相称。

图1-1　芦笋出土幼茎形如"石刁"

第一节　起　源

芦笋起源于地中海沿岸及小亚细亚一带，已有2 000多年的栽培历史。15世纪传入西欧各国，17世纪由欧洲移民传入美国新泽西州，以后扩展到西海岸，18世纪末传入日本，传入我国至今仅100多年历史。早期我国人民对芦笋无食用习惯，只在几个大城市少量栽培，专供外国侨民食用；20世纪50年代，在我国台湾省引种美国"玛丽·华盛顿"系列品种获得成功后，迅速得到推广，至60年代盛行栽培；70年代以来其他省区也成功引种美国的品种，并迅速推广开来，到1995年我国一举成为世界芦笋种植面积、产量和加工贸易额最大的国家，几乎所有省、自治区、直辖市都有成功栽培芦笋的报道。

第二节　营养价值

芦笋幼茎有鲜美芳香的风味，纤维柔软可口，能增进食欲，帮助消化，具有很高的营养价值。据测定，每百克幼茎中，含有蛋白质1.62～3.66g、脂肪0.11～0.34g、糖类2.11～5.1g、纤维素0.7g、热量108.8kJ、灰分1.2g、胡萝卜素0.76mg、维生素C 44～52mg、硫胺素0.24mg、核黄素0.36mg、尼克酸1.8mg、烟酸1.5mg、泛酸0.62mg、叶酸109ug、生物素1.7ug。这些营养成分中，具有人体所必需的各种氨基酸，蛋白质中各种氨基酸的组成含量比例也较恰当；无机盐元素中有较多的硒、钼、镁、锰、铬等微量元素，它们对防治癌症及心脏病有重要作用；还含有大量以天门冬酰胺为主体的非蛋白质含氮物质和天门冬氨酸，以及多种甾体皂苷物质、芦酊、甘露聚糖、胆碱等，对心脏病、高血压、心率过速、疲劳症、水肿、膀胱炎、排尿困难等病症有一定的疗效。此外，还含有天门冬酰胺酶，能治疗白血病。所以说，芦笋是一种极好的高档保健蔬菜（图1-2、图1-3）。

图1-2　商品芦笋

图1-3　商品芦笋

第二章

生物学特性

芦笋（asparagus）属单子叶植物百合科天门冬属，学名为 *Asparagus officinalis* L.，是一种雌雄异株多年生宿根草本植物。芦笋的植株分地上、地下两部分（图2-1）。地上部由主茎及其枝叶组成（图2-2），地下部由地下根状茎及其鳞芽、贮藏根及吸收根组成。地上部每年冬季遇霜枯死，借其地下茎及根在土中过冬，到翌年春季气候转暖后，再由地下茎抽生新茎。

图2-1　芦笋地上部与地下部

图2-2　芦笋株丛

第一节 植物学特性

一、地下茎

芦笋的种子萌发后，先向下长根，接着向上长茎，在根与茎的连接处形成地下茎。地下茎是一种非常短缩的变态茎，一般厚1~2.5cm，宽2~3cm，其上有许多节，节间极短，节上着生鳞片状的变态叶，叶腋包裹着的芽称为鳞芽（图2-3）。在地下茎先端处，围绕地上茎基部前方的鳞芽发育特别粗壮，并有数个鳞芽聚生在一起成为"鳞芽群"。由于先端鳞芽优先萌发，使地下茎总是按一定方向延伸，这在苗期最易看到成直线型朝一个方向发展的状况。随着植株的发育，它也像地上茎发生分枝一样产生分枝现象。一般当植株制造的同化养分增多以后，处于地下茎先端部位的侧生鳞芽会继续发育，逐渐成为鳞芽群，随之抽生为地上茎，在其基部外侧形成新的地下茎的生长点。通常一年生苗株的地下茎顶端都有数个鳞芽群，这实际上就表明地下茎将产生分枝。然而，在植株发育过程中，地下茎的生长点的生长常受各种各样因素的影响引起生长发育受阻（人们采收嫩茎就是使其生长点生长受阻最普通的一种因素），从而刺激远离生长点呈休眠状的侧生鳞芽也得到发育，并形成新的生长点，这样就使地下茎分枝显得错综复杂。

一般地下茎在地下沿水平方向延伸，但种植过深，地下茎会向上延伸，种植过浅会往下延伸，当达到一定深度后，则沿水平方向延伸。成年植株的地下茎经反复多次分枝，地下茎和根群密生得盘根错节，导致土壤中的空气、养分、水分供应状况恶化，使其中的地下茎不得不向上延伸，从而出现地下茎的"上升现象"。

地下茎在生长过程中，还会发生断裂，使植株产生自然分株现象。一般地下茎的断裂有两种情形。早期的断裂分株是由于苗期形成的地下茎很细，节间又非常短缩，而以后在其上发生分枝的地下茎及其地上茎却像成株一样粗大，产生一种挤压力，使地下茎发生断裂。成年植株的地下茎断裂则是由于其遭受严重的创伤和微生物侵入伤口所致。

在我国长江流域及北方，每年秋末冬初，地上茎枯萎后，地下茎停止生长，进入休眠期。这时在它的先端生长点附近几个发育肥大的鳞芽，也处于休眠状态。翌年春季气候转暖后，鳞芽陆续萌发成地上茎，在其幼嫩时采收供食用。所以芦笋的产量取决于鳞芽的数量及其发育好坏。鳞芽发生的数量和质量取决于地下茎的发育状态。

图2-3　地下根茎及鳞芽群

二、根群

芦笋的根分定根和不定根两类。定根由种子发芽时的胚根向下长成的纤细主根及主根上发生的侧根和各级分枝侧根组成。主根长一般只有13～15cm，最长不超过40cm。这种根的寿命较短，但在幼苗前期全靠它来吸收养分和水分，故又可称为"临时根"。随后，由地下茎的节上发生数量众多、呈丛生状的不定根。不定根是一种粗而长、直径为4～6mm、长120～300cm的肉质根。其最外部是皮层，中心是中柱，两者之间是肥厚的柔组织。在柔组织和中柱内含有大量的糖，主要是蔗糖，并有少量淀粉和纤维等。在皮层内有发达的粗纤维，并含有少量蔗糖。由此可知，肉质根是一个贮藏同化养分的重要器官，故称为贮藏根。由于在肉质根的皮层表面具有根毛状的突起，能直接从土壤中吸收水分和矿质养分，所以它也是吸收器官。肉质根的寿命较长，一般不少于6年（Scott，1954），它每年不断往前伸长，仅逢冬季停止，翌年春季继续延伸，在新旧交接处可见到明显的痕迹，据此可以辨其年龄。但当根尖损伤时，就不再延伸，而在其切口附近发生许多纤细根。纤细根是吸收水分和矿质养分的重要器官，称为吸收根。纤细根的寿命较短，只有1年左右，一般于每年春季从肉质根的皮层四周发生，当年冬季枯萎，翌年春季再从肉质根上重新发生。但在较温暖的地区，冬季也有纤细根发生。

由于贮藏根为来自地下茎上发生的不定根，所以，随着地下茎的伸展而不断发生，数量越来越多，5年生植株可有肉质根1 000条以上（图2-4）。芦笋的旺盛根群，在土质好、土层深的田间，其横向伸展和纵深伸展都可达2～3m。但根群的极大部分分布在距地面30cm以内的土层中，尤以距地面15cm以内根数最多。

图2-4　根盘

三、茎、枝、叶

幼茎刚抽生出来时，互生着三角形的鳞片，茎顶的鳞片紧紧包裹在一起，形似毛笔，肉质柔软（图2-5）。幼茎在出土前采收的，或用培土法栽培的，色白质嫩，称为"白芦笋"；幼茎出土后见光呈绿色，称为"绿芦笋"（图2-6）。我们通常所说的"绿芦笋"，就是粗壮的嫩茎长到20～27cm时，切割下来供食用的产品。绿芦笋不及白芦笋柔嫩，但维生素及钙、铁等含量较多，栽培较省工，产量也较高。

图2-5　刚出土幼茎

图2-6　绿芦笋幼茎

若任嫩茎生长，可一直直立伸长到150～250cm，形成主茎，并发生许多分枝，分枝开始发生在主茎上高度为40～50cm处。1株芦笋在盛夏前，可发生10～20枝主茎，甚至更多，故到盛夏时，往往形成极其繁茂的地上部分（图2-7、图2-8）。

图2-7　地上茎

图2-8　茎、枝

主茎或嫩茎的粗细、主茎的高度、分枝在主茎上开始着生的高度，都是因植株年龄、性别、品种的遗传性及气候、土壤和栽培管理的条件而异。一般幼株和老株的茎较成年株矮而细，分枝部位低；雄株较雌株矮和细，分枝发生早；培土下的白芦笋比不培土的绿芦笋粗；高温湿润条件下抽生的茎，特别细长；肥水充足，植株生育健旺，积累养分多，抽生的嫩茎或主茎均较粗壮，分枝发生部位也高。

早期的主茎和分枝的节上，均着生有淡绿色薄膜状的鳞片，它是一种退化了的真正的叶片，几乎不含叶绿素，在植物营养上是没有多大作用的器官，随茎枝生长发育的完成会自行脱落。但是在幼茎时期鳞片着生的密度，以及包裹着嫩茎顶端所表现出的顶尖形态及其紧密度，是区别品种和衡量嫩茎质量的重要性状。

在主茎的先端和分枝的叶腋处抽生5～8条、长1～3cm的针状短枝，是一种由枝条变态而成的叶子，称为"拟叶"（图2-9），具有叶绿素，能像正常的叶片一样进行光合作用。主茎和分枝表层亦含有叶绿素，也能进行光合作用。

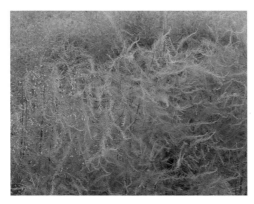

图2-9　拟叶

随着地下茎向前伸展，抽生的地上茎和根逐渐增多，地上茎的高度和粗度按发生的顺序而逐渐增加。

四、花、果、种子

芦笋为雌雄异株植物，雌株与雄株数大体相等，分别只着生雌花和雄花。花从主茎没有拟叶或拟叶较少的节上和鳞片状叶腋发生，每节着生1～2朵，柄长10～15mm，各有花被6枚，呈钟形

（图2-10）。雄花花被较长，约6mm，黄色，内有雄蕊6枚，雌蕊退化（图2-11）。但有极少数雄株上的雄花里的雌蕊也能得到发育，形成两性花，这些两性花因雌蕊发育程度的不同，有完全两性花和不完全两性花两种，完全两性花能结实，但结实率很低。雌花花被短，长约2mm，灰白色，雄蕊退化，仅有发达雌蕊1个，柱头3裂，子房3室，每室有2个胚珠，若全部受精并得到发育，可形成6粒种子（图2-12）。

图2-11 雄花

图2-10 花

图2-12 雌花

芦笋花由昆虫传粉。雌花结成圆球形的浆果，直径7～8mm，初为浓绿色（图2-13），成熟后呈暗红色（图2-14）。种子成熟后呈黑色，坚硬，略为半圆球形或稍有棱角（图2-15）。优良种子1g约为40～50粒。种子妥善贮藏的，可维持发芽力4～5年，但陈种子发芽势弱，生产上宜用新种子，或妥善贮藏1～2年的种子。

图2-13 果实

图2-14 成熟果实

图2-15 种子

五、雌、雄株

雌株与雄株除分别着生雌花、雄花外，其他形态特征也有很大差异。一般雌株株形高大，茎秆粗，分枝节位高，枝叶稀疏，发茎数少，地下根茎发育较慢，鳞芽数量较少而粗壮，春季抽生嫩茎较晚，采收期间收获的茎数少而粗壮，嫩茎顶端鳞片不易开散，商品性好。雄株植株较矮，茎秆较细，分枝发生早，节位低，枝叶繁茂，发茎数多，地下根茎发育较快，鳞芽多而较小，春季抽生嫩茎早，采收期间收获的茎数多而较细，嫩茎顶端鳞片开散早。一般雄株因株丛发育快，鳞芽多，枝叶繁茂，又无果实及种子消耗养分，积累的同化养分比雌株多，所以嫩茎的产量较高，一般比雌株高25%~30%。

第二节　对环境条件的要求

芦笋对气候的适应性很广，我国黄河流域的山东、河南，以及长江流域的浙江、江苏、四川、安徽等省的河滩砂壤冲积土，质地疏松、通气性好、土壤肥沃，均适于种植芦笋。

一、温度

芦笋以夏季温暖、冬季冷凉的气候最适宜。在气候适宜的地区，春季转暖早，嫩茎采收季节既早又长，采收结束后，地上茎、枝有较长的时间恢复生长和发展株丛，进行光合作用，制造大量同化物质，贮藏到地下部去，为翌年丰产奠定良好基础。冬季地上部枯萎后到翌年春季抽生幼茎前，有几个月的休眠期，待气候转暖后，鳞芽萌发，长出粗壮的嫩茎。

一般芦笋生长的最低临界温度为5℃，但当土温在10℃以上时，幼茎才会长出土面。嫩茎伸长最快的温度是30℃，但嫩茎细且先端鳞片易松散、易老化及有苦味。在生产上，幼茎伸长时以15～17℃为最适宜（图2-16）。在此温度下抽生的嫩茎肥大，顶端鳞片紧密，产品质量也较好。温度低则出笋慢，温度过高则幼茎伸长速度过快，以致产品细，易老化，品质差。对采绿芦笋的，由于高温而使嫩茎很快伸长，阳光照射的时间短，以致嫩茎绿色不浓，而顶端的鳞片易松开，产品质量差（图2-17）。

图2-16　温度适宜，幼茎出土　　图2-17　幼茎出土时遭受高温危害

芦笋植株生育期间能耐35～37℃的高温，故在低纬度的亚热带，甚至热带也可种植，但因白天温度过高，植株的净光合作用低；夜间高温，呼吸作用消耗的养分多，而且冬季不冷，植株地上

部整年生长，同化养分不断供新生茎枝的生长发育，积累到地下肉质根中去的养分就较少。芦笋地上部分于冬季枯萎后，其地下组织中含糖量高，细胞液的浓度大，极耐低温，在-37℃的寒冷气候下也能安全越冬；但在无霜期短的地区，春季转暖迟，幼茎抽生也迟，产品采收后地上部恢复生长不久，即遇霜冻而枯死，茎枝不能充分发展而生长期短，积累到地下部的养分也少。这是炎热地区和高寒地区芦笋产量较低的重要原因。

二、土壤

芦笋对土壤的适应范围广泛，除强酸性、强碱性和地下水位过高的土地外，都可生长。但由于芦笋根系分布密集，又有地下茎在土中发育，需要土中有足够的氧气供给，以不断地进行呼吸作用，维持根部的功能。为了使根系发育旺盛，达到高产优质，要选土层深厚、土质疏松、通气性和持水、持肥力良好的土壤。土壤中含腐殖质多，团粒结构好，才能解决其通气性与持水力之间的矛盾。利用江河湖海滩的冲积土栽培芦笋，要多施有机肥料。

芦笋对土壤酸碱度的反应很敏感，在强酸性的土壤中，根系发育不良，长到一定长度就停止生长，从而使整个植株发育不良。碱性的土壤，对芦笋根系的发育也不利。一般要求土壤呈微酸性，pH值5.8～6.7为宜；pH值7.5左右时，植株还能良好地生长发育，pH值8左右时，植株生长发育将受到严重抑制。

芦笋的贮藏根中含有较多贮藏养分，细胞液浓度较高，故有较强的耐盐力。但盐分含量超过0.2%，对植株发育就有明显影响，吸收根和根毛都会发生萎缩。

三、水分

芦笋原产于生长季节气候干燥的地带，真叶退化，由针状的变态枝叶行使光合作用功能，水分蒸腾量少，又有分布广而深的强大根群，庞大的肉质根中含有大量的水分，可调节受旱时的水分供应不足，故颇耐干旱，在年降水量不足400mm的地区也能生长。但因其吸收根发育较差，吸收力弱，喜土壤湿润，所以土壤水分供应状况与植株的生长发育和嫩茎产量的关系十分密切。水分供应不足，植株矮小，茎数少，嫩茎细，易纤维化，品质差。土中水分充足，才能使地上部茂盛，同化功能旺盛，为嫩茎丰产创造条件。幼茎伸长和膨大过程中必须供应充足的水分和养分。但芦笋植株的耐湿性却很差，土壤水分过多，地下水位高，排水不良，经常积水，土壤中空气不足，会阻滞地下茎、鳞芽和根系的生长发育，从而影响整个株丛的发育，还会使根株易遭病害的感染，引起根腐。多雨和空气潮湿的环境，极易引起病害蔓延，使株丛生长发育严重受挫，往往导致植株衰亡。

四、光照

芦笋枝叶的光饱和点只有40 000 lx，又因针状拟叶的受光姿势好，较耐阴，利于密植。然而它的枝叶繁茂，需有充足阳光，才能获得较高的光合作用效能。晴天的日同化物生产量比阴雨天约多41%，故栽培地要选开阔地。

第三节　生长发育

芦笋系多年生宿根草本植物，在其一生中，有一个株丛发育由小到大、从旺盛生长逐渐走向衰败的过程。在一年之中，则有一个越冬休眠鳞芽的苏醒、萌生嫩茎、消耗贮藏养料、形成食用的嫩茎产品、采收后重新形成地上茎叶、积累养分、茎叶枯萎进入越冬休眠的过程。

一、种子发芽

（一）发芽过程

种子在发芽过程中，最先由胚根向下长出幼根（图2-18），由幼根延伸成为第一次根，接着顺次发生各级侧根。当幼根长达1cm时，在其根基部出现小突起，这是将形成地下茎的最初象征，不久从此处长出第一次地上茎，其后地下茎向水平方向延伸，并在其节的腹部长出又粗又长的不定根；随着地下茎的延伸，在其节的背部依次发生地上茎，其高度依次升高。如此延续发展，在各个长短不一的生长季节中，可形成具有10枝乃至数十枝地上茎和众多肉质根的苗株。

图2-18　种子发芽

（二）种子发芽的环境条件

1.温度

以往的试验认为，种子发芽适温为25～30℃，而任安祥等（1992）的试验表明，最适温为20～25℃，小于20℃或大于25℃的发芽率和发芽势均显著降低，超过30℃发芽会受到严重障碍。而且在昼高夜低的变温环境下对种子发芽最为有利，其中以25℃/20℃的组合最佳。

种子发芽的临界低温为5℃，但即使在10℃的低温条件下，发芽仍然十分缓慢。泽田（1961）将浸胀的种子置于10℃条件下，经17d才开始发芽，63d后的发芽率才达到94%；而在25℃时，约经4d就开始发芽，14d后全部发芽。林孟勇（1993）也观察到，在土温18～20℃下，从浸种至播种出苗，要20d左右。由此可见，低温条件会使发芽期延长。

2. 水分

种子发芽与土壤的含水量关系密切，土壤水分不足，发芽慢，发芽率低。由于芦笋种子的种皮为革质，吸水十分缓慢，通常都需浸种后播种，浸种时间2～3d。当吸水率达53%左右，为饱和吸水量的80%～90%时，发芽最好。浸种时间太短，吸水不足，或浸种时间过长，种皮松软，透性增强，物质外渗，无氧呼吸和催芽时的呼吸消耗增强，均对种子发芽不利。而发芽过程中，则需保持土壤湿润。

3. 氧

一般来说，氧浓度高会促进种子发芽，氧气不足，或无氧呼吸，会使潜能利用率降低，阻滞发芽。因此，保持床土疏松，防止土壤板结，避免土壤积水，是促进种子发芽出苗的重要条件之一。

二、株丛的生长发育

（一）株丛生长发育的变化

定植后，在植株的生长发育过程中，随着地下茎的生长，不断形成新的分枝，并因其断裂而形成分株，更促进了地下茎分枝的发生，使其上的鳞芽群和贮藏根越来越多，由鳞芽群抽生出的嫩茎或形成的地上茎也随之增多。地下茎的伸展也由一个方向转到向四周发展，从而使地下茎的范围逐年扩大，株丛生育越来越繁茂。

在定植后的一两年内，植株的生长势旺盛，株丛范围小，鳞芽不多，土壤营养和光照条件好，养分分配比较集中，形成的鳞芽显得特别粗壮，长出的嫩茎也特别粗壮，地上茎高大。以后随着地下茎的生长，分枝增多，根系壮大，地下吸收面积和地上同化面积扩大，贮藏根的库容量增加，使得吸收养分和同化积累的产物都大幅度增加，从而嫩茎数量和地上茎数目增多。但养分分配分散，鳞芽群的发育程度和嫩茎或地上茎的粗度均不及幼龄期。当中心部位的地下茎分布重重叠叠，并近离地表时，该范围的水、肥、气的状况趋于严重恶化，使得其中的地下茎和鳞芽的发育愈来愈差，抽生的地上茎或嫩茎也愈来愈细，而且这种状况会不断向四周扩展，最终使整个株丛的发育走向衰败。

（二）茎叶的发育

芦笋茎叶生育状况，直接左右贮藏根的养分积累，并由此影响嫩茎的产量。在留母茎采收的情况下，母茎生育状况直接影响当年产量的形成。而茎叶生育强盛与否，常受各种条件左右，主要受内在条件中的贮藏根积累的养分多少、鳞芽数及其粗壮程度的影响。一般贮藏养分多的地下茎及其鳞芽粗壮，所发生的地上茎也粗大，枝叶也较茂盛，这种情况在年生育期短的地区尤为突出。因此，要准确判断采收的终止期，以期能形成强盛茎叶。而在生育期长的地区，由于多次抽生新的地上茎，会使茎叶过于繁茂，使群体光强减弱，既会影响光合作用的强度，又易招致病害，故需采取打顶和疏删技术，控制茎叶的生长。

影响茎叶生长的外界条件有温度、土壤营养和水分、光强等。

芦笋植株生育的温度界限为5～38℃，在10～30℃范围内，随温度升高而加速，35℃时出现生长障碍，40℃时仅鳞芽能发芽，但不会伸长。因此，高温干旱季节，新的地上茎常停止形成，待秋季气候转凉时，才继续抽生地上茎。茎叶生育对水分的消耗有3个时期，地上茎伸长时的需水量较少，随着枝叶的展开，需水量急速增加，枝叶茂盛期的需水量最高。

芦笋针状的拟叶受光姿态好，较耐密植栽培。据研究，拟叶展开1周后的光饱和点为40 000～50 000 lx，生育后期只有10 000～20 000 lx，光补偿点为15000～20000 lx。从叶龄与光合作用的关系来看，以枝叶展开2个月或萌芽后3个月时的净同化率最高。光合作用适宜的温度范围为10～25℃，最适温为16～20℃，低于20℃对于同化产物的运转有利。

（三）根群的生育

芦笋根的数量随年龄与地下茎的扩大而逐年增加，1年生的仅从2.5cm长的地下茎上发生贮藏根23条左右，6年生的在地下茎在长15cm的范围内有贮藏根140条。芦笋每年都从新生的地下茎上形成新根，因此，近地下茎生长点的新生贮藏根呈白色，远离生长点的老根呈褐色，但在老的地下茎上也会继续发生少数新根。所有贮藏根只要不切断，年年均向前延伸。切断后则不再延伸，而发生众多纤细根。成株芦笋根的侧向分布范围，直径可达3m左右。

成年植株的根群发育特别旺盛，但在围绕地下茎半径45cm范围内，绝大部分呈水平方向发展，集中分布在30cm以内的土层中。行间贮藏根斜向伸长，在行间中央幅60cm处，深20cm的根群较少。株间的根群多沿水平方向发展，邻株之间根群常相互交结在一起。

虽然芦笋对土壤的适应性很广，但重黏土不利于根群的生育。特别是育苗地和促成栽培的养育圃，必须选择轻松的砂质土壤，以利于根群发育，便于起掘，减少伤根。pH值5.8～6.1的微酸性土壤特别适于根的生长。

（四）产量的变化

一般采收初年，地下根茎小，鳞芽群少，积累的养分不多，产量较低。随着株龄的增长，地下根茎的增大，鳞芽群的增多，贮藏根及其贮藏的养分增多，产量不断提高。种植4～5年后，产量达到顶峰，以后随着株丛发育的衰败，嫩茎逐渐变细，数量也有所减少，产量随之下降。直播的产量要比移栽的高。

（五）芦笋一生的生育周期

芦笋一生的生长发育可分为幼苗期、幼年期、成年期、衰退期4个时期。

（1）幼苗期。自种子发芽出苗至定植（图2-19）。此时发生的地上茎依次升高、变粗，肉质根依次增粗，地下茎呈单列式，其上鳞芽先为单芽，至后期才发展到顶端出现鳞芽群。

图2-19　幼苗期

（2）幼年期。定植后至采收初的一两年（图2-20）。肉质根已达固有粗度，地上茎高度和粗度都已达到品种所固有的特性；地下茎不断发生分枝，嫩茎产量逐年提高，细茎逐渐减少，但易出现畸形笋，一般肉质根不会出现枯萎更新现象。

（3）成年期。这时的株丛继续较快地向四周发展（图2-21），而由于地下茎不断发生分枝，除四周地下茎仍为一个层次外，内围的地下茎则处于重重叠叠的状态。地下茎内外都有众多的生长点，早年发生的肉质根不断发生枯萎，但在老的地下茎上仍会继续发生新的肉质根。发生的嫩茎粗细均匀，畸形笋大为减少，发生的细茎比例很小。每年的产量变化在一个水平线上波动。

图2-20　幼年期

图2-21　成年期

（4）衰退期。这时的株丛向周围的扩展速度减缓，而在中心部的地下茎已上升至土表，出现大量的细茎，继之出现衰亡，并逐渐向外围扩展。整个株丛的生长势明显减缓，地上茎高度和粗度均显著降低，产量明显下降（图2-22、图2-23）。

图2-22　衰退期

图2-23　14年笋龄

芦笋各生育周期的长短，因气候、土壤、病虫害及栽培管理水平的不同有很大差别。年有效生育期长，植株发育快，经济寿命就短；而栽培管理得法，则可延长成年期和整个经济寿命。

（六）植株的年生育周期

在自然状态下，从寒带到亚热带，凡是年气候变化四季分明的地区，芦笋的年生育变化都存在生长与休眠两个时期，即在冬季地上部枯萎，地下部处于休眠状态，待春季地温回升到10℃左右，开始抽生嫩茎。一年中抽生地上茎的次数，因各地生长季长短的不同，可发生2～6次。秋末当温度降到15℃以下时，新茎停止发生，以后地上茎叶遇霜冻枯萎，进入冬季休眠期。在低纬度地区，像我国福建、广东、台湾等地，虽然冬季无霜冻，或只有几天霜冻，地上茎叶不会枯萎，但受本身生物节律的支配，即使具有10℃以上的温度条件，也不会发生新的地上茎，已形成的地上茎长势也较弱。这表明植株仍有一个不明显的休眠期存在。

地下部在不同时期贮藏养分的含量变化，有消耗和积累两个过程。嫩茎采收期间贮藏养分逐渐减少，地上茎叶形成过程中，贮藏养分急速降低，在其枝叶形成前降到最低点。地上茎叶形成后，随着茎叶光合作用增强，地下部贮藏养分迅速增加，以后由于新茎不断发生，贮藏养分上升趋向平衡。到秋末，温度下降，呼吸强度减弱，新茎抽生停止，同化养分的消耗减少，地下茎的贮藏养分又迅速增加。

第四节　嫩茎的形成及其影响因素

我们食用的芦笋产品器官就是嫩茎，其产量由茎数、茎质量等构成。

一、嫩茎的形成

嫩茎是由地下茎上的鳞芽萌发而来的，而鳞芽的萌发离不开同化养分的供给。同化养分供给充足，形成的鳞芽多而粗壮；而鳞芽的萌发与嫩茎的伸长更依赖于同化养分的供给。在二次留母茎采收栽培法中，初春开始采收的嫩茎，其形成全靠前一年由茎叶光合作用合成、运转、储蓄在贮藏根中的同化养分；当地下部同化养分逐渐减少时，适时留养的春母茎光合制造的养分供嫩茎继续抽生；当春母茎衰老、光合作用减弱时，及时留养秋母茎，由其枝叶合成的同化养分直接贮藏于肉质根，为翌年春暖嫩茎抽生提供能量。

二、影响嫩茎产量的因素

影响芦笋产量变化的因素有很多，主要有地下根茎的素质、茎叶的繁茂程度、温度、水分、栽培方法等。

（一）内部因素

1. 地下根茎素质

地下根茎素质是指地下茎及其鳞芽和贮藏根的发育状况。贮藏根是光合养分的贮藏库，其库容量的大小与贮藏根数量有关，并影响光合作用的强度；贮藏养分的多少，还将影响鳞芽素质及其发生嫩茎数的多少。凡是能影响地下根茎素质的因素和技术措施，都会影响产量的高低。

2. 茎叶繁茂程度及养分积累

芦笋地上部开始形成枝叶时进行光合作用制造养分，这些养分不仅供茎叶继续生长进行生命活动，而且积累到贮藏根中，供嫩茎抽生及地上茎叶形成和进行生命活动。所以，茎叶的繁茂程度与芦笋产量密切相关，在留母茎采收栽培的情况下，母茎的生长状况更直接影响芦笋的产量。

（二）外部因素

1. 温度

鳞芽萌发和嫩茎伸长的最低温度均为5℃左右，但在10℃以下时，鳞芽萌发稀疏，不整齐，且伸长十分缓慢，收获量极少；当温度超过12℃时，鳞芽才会比较整齐地萌发，产量也随之大增。在整个收获期中，每天的嫩茎数和产量均随温度变化而波动，温度升高时，发生的茎数和收获的产量增加，温度下降，收获的嫩茎就会减少。

据卡尔佩帕（1939）的研究资料，自鳞芽萌发至收获所需的天数，随温度的变化而不同，如嫩茎长至30cm左右，在11.4℃时需16d，14.2℃需12d，19.7℃需7d，25.3℃需4~5d，30.8℃需3d。

2. 水分

嫩茎中含90%以上的水分，故其伸长需有足够的水分供应。

3. 栽植密度

芦笋产量与嫩茎数和嫩茎的大小有关，尤其与嫩茎数最为密切。采收绿芦笋与白芦笋相比，虽然白芦笋单支嫩茎重，但茎数远没有绿芦笋多，因此产量较低。白芦笋发茎少，是由于培土使地下根茎部的土温较低，及嫩茎伸长中遭受土的阻力，增加了养分消耗的缘故。随着株龄的推移，地下根茎的扩大，鳞芽数增加，发生的茎数也相应增多，使产量不断提高。在密植条件下，由于幼龄期单位面积上发生茎数多，故可以提高早期产量，但会较早地出现产量与质量下降的趋势。而稀植条件下，产量上升期可延续较长年份。因此，栽培上应根据当地的生态条件，确定适当的株行距。

4. 采收持续期

在地下根茎尚未养成就过早采收，或采收持续期过长，都会妨碍地下根茎的发育和株丛的繁茂，缩短植株的有效生育期及其同化养分的积累，影响植株的寿命和总产量，使历年的累计产量较低。但是，在不影响地下根茎素质、保证地上茎叶形成有足够有效生育期的条件下，及时早采，适当延长采收持续期，反而更有利于促进地下根茎的发育和产量的提高。采收过少会适得其反，使采后的地上茎叶生长过旺，不仅影响通风透光，降低光合作用效能，而且易遭受病害感染，既不能发挥当年的增产潜力，又影响以后的产量提高。

三、嫩茎的品质及其影响因素

（一）正常嫩茎的成分及品质

嫩茎含有90%以上的水分，余下不足10%为固形物，其中大部分是碳水化合物，其次为蛋白质、灰分、纤维素、脂肪等。碳水化合物中以糖分为主，可以用贝利糖度来表示。嫩茎不同部位的糖度有很大差异，以茎顶0~5cm处的糖度最高，10~15cm处最低，基部的糖度也较高。蛋白质中的氨基酸组分完全，人体所必需的18种氨基酸均有一定含量，其中以天门冬酰胺酸、天门冬氨基酸为主，另含有较多的芸香苷、甲基甲酮、芦酊、甘露聚糖、胆碱等。灰分中，主要含钾0.12%、钠0.06%、钙0.06%、镁0.02%、磷0.09%、硫0.03%、氯0.03%和硅0.05%，此外，还含有较多锌、硒等微量元素。各成分的含量因嫩茎的粗细、部位及采收时的色泽而异。

采收的嫩茎以外观挺直、圆整、无弯曲、粗细适中、顶部鳞片包裹紧密、内含糖度高、味甜、组织柔软、鲜嫩、纤维少、色泽深绿者为上品。头部鳞片包裹的紧密度，除品种和个体之间的遗传性差异之外，常受温度变化的影响，30℃以上的高温，头部鳞片最易开散。高温易使嫩茎组织纤维化，而早春低温虽然不易使嫩茎组织纤维化，但这时根系吸收功能弱，嫩茎含水量少，纤维素的含量相对较多。在15~20℃的适温下，形成的嫩茎最柔嫩，品质佳。此外，水分不足，贮藏养分或同化养分不足等都会促进纤维化。嫩茎不同部位的纤维化程度有很大差异，基部纤维最多，先端很少。

（二）异常嫩茎的种类和发生原因

嫩茎异常是影响产品商品率的一个重要因素，可分头部异常和胴部异常两大类。

1. 头部异常

与头部鳞片叶的发育充分程度和着生状态有关，常见的有鳞片松散、弯头、发育不良等。

鳞片松散，除品种差异外，主要受温度、水分、营养的影响。高温干燥、水分供应不足时，最易发生。因此，温度高时要及时采收，增加每天的采收次数，并及时灌水，保证水分供应。株丛衰弱和采收后期贮藏养分供应不足，或光合作用强度降低，分配运转来的养分不足，也会使头部鳞片松散。

弯头多为各种伤害所致，如病虫伤、霜害、肥害和有害气体的伤害等。此外，土壤偏酸偏碱、盐分含量过高、植株衰弱、贮藏养分和水分供应不足，也易引起弯头。

发育不良，多为采收后期贮藏养分不足所致。留母茎采收时，为同化养分运转分配不足所致。水分供应不足也会引起头部发育不良。

2. 胴部异常

嫩茎头部以下发生的异常现象，有细茎、弯曲、扁平、大肚、空心、开裂、锈斑等。

细茎多为鳞芽素质低下，或贮藏养分供应不足所致，另外，高温发生细茎的比例也较高。

嫩茎弯曲多为各种外界障碍所致，多数与土壤性质有关，石砾土、黏土地上发生弯曲的多，病虫伤害、药害等也会引起弯曲。因此，精细的田间作业，是防止嫩茎弯曲的重要措施之一。

扁平、大肚等现象与土壤坚实不疏松或土垄中土壤疏松紧密度不均一，以及偏施氮肥有关。

空心通常认为是偏施氮肥、嫩茎生长和细胞膨大过快，使贮藏养分的运转供应不足所致。

在嫩茎生长过程中，如果水分供应不均匀，易发生开裂。

嫩茎还常因病虫害、肥料和有害气体灼伤而发生锈斑。

第三章　连作障碍与氰氨化钙

　　连作，俗称重茬，是指在同一块土地上不同年份内连年栽培同一种蔬菜。连作障碍是指因连续种植某种（乃至同一科）蔬菜而出现的生长发育不良、病害发生、产量下降、品质变劣的现象。连作年限越长，连作障碍越严重。导致连作障碍发生的原因相当复杂，连作障碍是蔬菜和土壤两个系统诸多内部因素综合反应的外观表现。

第一节　芦笋的连作障碍

　　芦笋是多年生蔬菜作物，其生长发育需要多用堆肥和厩肥等有机肥料，使土质疏松肥沃，有利于地下茎及根系发展，利用江河湖海滩的冲积土栽培芦笋，更要多施有机肥料。在一定范围内，肥料用得越多，产量越高。与堆肥和厩肥等有机肥料相比，化肥肥效快，使用方便，为求得单位面积的高产、高效，笋农往往偏施化肥。特别是大棚芦笋，生育期拉长，肥料尤其是化肥投入量更多。笋农迫切追求高产高效，盲目相信多施肥就可多产出，往往凭经验大量施用没有腐熟的鸡粪、鸭粪和化学肥料，特别是生育期间盲目追施大量化学肥料，施用的肥料很少被作物吸收利用，大量养分残存聚集在土壤耕作层。同时，常年覆盖或季节性覆盖农膜改变了自然状态下的水分平衡，土壤得不到雨水淋洗，致使土壤盐分在土壤表层聚集，引起土壤盐渍化。由于有机肥用量减少，化肥施用过量，在长达10年以上的生育过程中，年年重复吸收相同的元素，一部分营养元素大量消耗，另外一部分没有被利用的营养元素大量累积在土壤中，造成土壤养分比例失调。长期大量地使用化肥，使积累在土中的营养元素成为最主要的盐分离子来源，使土壤出现盐渍化、酸化等土质变劣现象（图3-1、图3-2）。

图3-1　连作障碍严重

图3-2　连作障碍严重

在长期的生育过程中，芦笋植株的地下茎和根群密生得盘根错节，土壤中的空气、养分、水分供应状况恶化。而且由于根系分泌物和植株残体及其释放的有害物质抑制细胞分裂、生长、损坏细胞壁、改变细胞的结构和亚显微结构，影响作物体内生长素、赤霉素、脱落素的水平，破坏细胞结构，改变酶的功能和活性，抑制氨基酸的运输和氨基酸向蛋白质的整合，阻碍气孔的传导，产生自毒作用。

土壤微生物种类、数量众多，在长年累月的生长发育过程中，芦笋根系的特定分泌物和代谢产物长期累积，对土壤微生物的种类、数量产生很大的影响。长期种植形成的特殊土壤环境，使硝化细菌、氨化细菌等有益微生物的生长、繁殖受到一定程度的抑制，而某些有害微生物却得到较大程度的发展，加重了土传病虫害。为了补充养分和治理病虫害，笋农会长期大量地使用化肥和农药，更加剧了连作障碍。

第二节　氰氨化钙理化性状及作用

由于芦笋是多年生蔬菜，无法倒茬轮作，因此，只有通过合理施肥和土壤消毒来解决连作障碍问题。施肥应以有机肥为主，无机肥为辅，基肥为主，追肥为辅。有机肥不仅可以提供养分，而且具有改良土壤环境、增加土壤生物多样性的作用。土壤消毒的方法很多，主要有石灰消毒法、高温消毒法、热水消毒法、太阳能消毒法、药剂消毒法等。

氰氨化钙，英文通用名称Calcium Cyanamide，分子式$CaCN_2$。氰氨化钙在土壤中于一定温度条件下遇水反应生成氢氧化钙〔$Ca(OH)_2$〕和酸性氰氨化钙〔$Ca(HCN_2)_2$〕。酸性氰氨化钙再和土壤胶体上的氢离子发生阳离子代换，生成单氰胺（H_2CN_2）和双氰胺（$H_4C_2N_4$）。单氰胺、双氰胺和水继续反应生成尿素，尿素逐渐水解成铵态氮，双氰胺抑制铵态氮向硝态氮转化，成为缓释氮肥，提高了氮肥的利用率。铵态氮最后转化成硝态氮被作物吸收利用。

$$CaCN_2+H_2O \rightarrow Ca(OH)_2+Ca(HCN_2)_2（酸性氰氨化钙）$$

Ca（HCN$_2$）$_2$+［土壤胶体］H$^+$→H$_2$CN$_2$（单氰胺）+［土壤胶体］Ca^{2+}

2H$_2$CN$_2$→H$_4$C$_2$N$_4$（双氰胺）

H$_2$CN$_2$+H$_2$O→CO（NH$_2$）$_2$（尿素）

H$_4$C$_2$N$_4$+2H$_2$O→2CO（NH$_2$）$_2$

CO（NH$_2$）$_2$+H$_2$O→（NH$_4$）$_2$CO$_4$

NH$_4^+$+O$_2$→HNO$_2$+H$_2$O

HNO$_2$+O$_2$→HNO$_3$

氰氨化钙是一种农药性肥料，在土壤中不但具有缓释氮肥、高效长效钙肥的作用，而且具有减少土传病害、驱避杀死地下害虫、抑制杂草萌发、改良土壤、提高土壤肥力和作物品质等作用，施用后能够活化、疏松土壤，修复土壤环境，是解决芦笋连作障碍的理想材料。

第三节　庄伯伯在芦笋生产上的应用

庄伯伯是自1977年采用世界先进技术开始生产和应用于农业的肥料，主要成分是氰氨化钙，外观为黑灰色微型颗粒，含氮量（N）19.8%，含氧化钙（CaO）50%，pH值12.5，是一种特殊的多功能缓释微型颗粒肥料。庄伯伯在作物体内和土壤中均没有残留污染，对降低农产品中硝酸盐含量、改善作物品质、提高产量、增加农民收益等都具有积极的意义，是当今生产无公害绿色农产品的理想肥料。

庄伯伯在土壤中遇水反应生成的单氰胺和双氰胺，一方面转化成氮肥被作物吸收，另一方面双氰胺还具有硝化细菌抑制剂的作用，能延缓铵态氮向硝态氮转化，使庄伯伯成为缓释氮肥。庄伯伯中的氮肥在土壤中的硝化曲线与作物吸收氮肥的曲线基本一致，延长铵态氮在土壤中存在的时间，减少氮肥淋失。氮肥的肥效时间可达90～120d，从而提高氮肥的利用率，庄伯伯的氮肥利用率高达85%以上。

庄伯伯在土壤中遇水反应生成的氢氧化钙和酸性氰氨化钙与土壤胶体上的氢离子发生阳离子代换，形成土壤胶体钙，能够有效防止钙的固定，显著提高钙肥利用率，含钙量和钙的有效性都较高，能改善作物钙肥营养，对作物因缺钙引起的生理性病害具有良好的防治效果。

土壤酸度根据氢离子在土壤中存在的方式分为活性酸度和潜性酸度。土壤活性酸度受耕作活动影响很大，特别是施肥，长期大量施用没有腐熟的精有机肥如鸡粪、鸭粪等，由于生物的呼吸作用和有机物分解过程中放出的二氧化碳溶于水形成碳酸；有机质嫌气分解过程中会产生少量的有机酸以及土壤中因氧化作用而产生少量无机酸；大量施用硫基、氯基、硝基等无机生理酸性肥料都是引起土壤活性酸度增强的主要原因。庄伯伯和土壤中的水反应生成的氢氧化钙能中和活性酸。土壤潜性酸度是由土壤吸附性氢离子或铝离子引起的。庄伯伯在土壤中遇水反应生成的酸性氰氨化钙与土壤吸附性氢离子发生代换从而中和了潜在酸性。庄伯伯是一种强碱性肥料，施用庄伯伯对土壤酸性具有调节改良作用，并且长期施用不会对土壤造成碱化。

施用庄伯伯可以加快有机肥和土壤残茬的腐熟分解，调节土壤酸性，杀灭有机肥中的有害生物，有效预防土壤盐渍化的发生，特别是对保护地栽培或长期连作的土壤效果最明显。

庄伯伯施入土壤后遇水反应生成的氢氧化钙和酸性氰氨化钙与土壤胶体上的氢离子发生阳离子代换生成的土壤胶体钙，能促进土壤团粒结构，特别是增加土壤水稳性结构，是土壤肥力因素的调节器。土壤团粒结构能够增加土壤孔隙度，提高土壤透气性、吸收性和保水保肥性能。由于土壤水、气状况协调，土壤温度比较稳定，土壤四大肥力因素水、肥、气、热协调供应，有利于作物根系发育。

长期施用庄伯伯能够提高土壤中脱氢酶、过氧化氢酶、磷酸酯酶、蛋白酶、淀粉酶、硝化酶和生物活性物质的活性，从而提高土壤酶的总活性指数，加快土壤有机质矿物化过程和土壤有机质分解，提高土壤氮、磷、钾的有效性，钙、镁、硫、铁等其他中微量元素的有效性也有不同程度的提高；同时还能增加土壤有机质的腐殖化过程，提高土壤腐殖质含量，改善土壤的物理性状，增强土壤的吸收功能，提高土壤供肥力，刺激作物生长。

庄伯伯在土壤中遇水反应生成的单氰胺能够抑制多种作物的多种病害，特别是土传病害的休眠孢子和菌核的萌发，能够抑制菌丝体的生长，同时促生非病原真菌（如青霉素类，因为青霉素类对单氰胺不敏感），达到土壤杀菌消毒的目的。单氰胺对地下害虫的卵和幼虫有杀伤作用，对地下害虫的成虫有驱避作用，从而达到防治害虫的目的。单氰胺对杂草种子萌发的根和胚芽有杀伤作用，因而能抑制杂草萌发和生长，降低杂草基数。

施用庄伯伯能够降低作物中的硝酸盐积累，增强作物钙素营养，增加植物细胞壁厚度，提高作物品质，延长产品货架期和贮藏期。

庄伯伯应用于芦笋生产，主要通过土壤生态消毒和清园消毒两条技术路线来达到克服连作障碍、提高产量、提升品质的目的。笔者（2010—2018年）试验表明，芦笋栽培使用庄伯伯的比不使用的单位产量增加20.1%~22.5%，单位产值增加20.2%~24.9%，单位经济效益增加28.1%~32.4%。使用庄伯伯的芦笋发病率明显降低，平均比不使用的降低61.0%；农药使用量明显减少，平均减少37.6%（图3-3、图3-4）。

图3-3　处理芦笋

图3-4　对照芦笋

连作障碍的发生有自然和人为两种原因，人为的原因占主要地位，只要充分认识到连作障碍的发生原因并加以重视，采用综合管控措施，就能减少和避免连作障碍的发生，延长成年期和整个经济寿命，保持芦笋生产的可持续发展。

第四章　连作高产栽培

第一节　品种选择

品种间产量差距悬殊，爱利逊（1957—1960年）从世界各地引进20个品种作品比试验，产量最大差达142.71%。我国引进的虽然都是高产优质品种，但产量差异也有5%～15%。不同芦笋品种之间，萌芽性早晚、休眠期长短、嫩茎粗细、色泽深浅、茎顶形状、鳞片包裹紧密度、耐寒耐热性、抗病性等均有差异。

同一品种在不同生态条件、不同栽培方式中，丰产性和质量的表现，也往往不一致。一般露地栽培要求选择萌芽早、嫩茎粗、头部鳞片包裹紧密、丰产的品种；保护地栽培（一般为大棚栽培）选择品种还要求在低温条件下萌芽快、嫩茎伸长迅速、长势强健、耐病性强。

品种的好坏往往决定着栽培的成败，优良品种是芦笋产业兴盛的基础。选择品种除了要考虑品种本身的优劣外，还要考虑当地的气候、土壤、生态等环境条件，并考虑当地的消费习惯、市场接纳程度。我国长江流域无霜期长、雨水多、株丛生育期长、茎枝繁茂，除要求品种具有一般丰产优质的特性外，更要具有耐病性强的特性。以前我国种植的芦笋品种几乎都是国外的品种，最近国内的芦笋育种工作如火如荼，新品种层出不穷。通过对比试验，优选出格兰德、丰岛1号、浙丰1号、佳芦1号等高产优质的杂交一代芦笋品种。

（1）格兰德：植株高大，长势强健，笋茎粗壮肥大，色泽深绿，外表光滑，抗性强，产量高，质量好（图4-1、图4-2）。

图4-1 格兰德幼茎

图4-2 格兰德植株

（2）丰岛1号：目前栽培较多，植株高大，生长势强，冬季休眠期短，早收性突出，丰产性好，适合我国南方大棚避雨栽培（图4-3、图4-4、图4-5）。

图4-3 丰岛1号茎秆

图4-4 丰岛1号幼茎

图4-5 丰岛1号植株

（3）浙丰1号：最新育成，生长势强，早生高产，嫩茎粗大，中度耐盐碱，较耐水淹，更适合我国南方大棚避雨栽培（图4-6、图4-7）。

（4）佳芦1号：生长势略偏旺，嫩茎颜色浓绿，头部鳞片包裹紧密，早熟性较好，丰产性显著，外形、品质俱优（图4-8）。

图4-6　浙丰1号茎秆　　　图4-7　浙丰1号植株　　　图4-8　佳芦1号

第二节　育　苗

芦笋的繁殖法有分株繁殖和种子繁殖两种。分株繁殖，是将优良丰产的种株，掘其根株，分割地下茎，栽于大田。优点是植株间的性状一致、整齐，但费力费时、运输不便，定植后的长势弱、产量低、寿命短，一般只作良种繁育栽培。种子繁殖，便于调运，繁殖系数大，长势强，产量高，寿命长，生产上大都采用此法繁殖。种子繁殖有直播和育苗之分。

直播栽培植株生长势强，株丛生长发育快，成园早，起产早，初年产量高，但出苗率低，用种量大，苗期管理困难，易滋生杂草，土地利用不经济，成本高，根株分布浅，植株容易倒伏，经济寿命不长，通常应用较少。育苗移栽，出苗率高，用种量少，苗期便于精心管理，可以缩短大田的根株期，有利于提高土地利用率，是生产上最常用的方法。

芦笋育苗按场地和方法，可分为直播育苗和营养钵育苗。

直播育苗的苗床地选择原则：第一，应适于芦笋根系发育，利于苗株生长，同时容易起苗、分苗。一般以土质疏松、富含有机质、地下水位低、排水好、保水力强、微酸性的土壤为宜。不能选黏性土地育苗，否则株间肉质根相互黏合，起苗、分苗费工费时，并会导致严重伤根。第二，要选择无立枯病和紫纹羽病等病菌的土壤。苗期若携带这两种病害，更易蔓延。因此，凡有这两种病的土地，如果园、桑园、胡萝卜、棉花、苎麻等地均不宜作苗床地，更不宜与芦笋连作。第三，芦笋幼苗生长极慢，而株行距大，易滋生杂草，因此要选择杂草少的土地，尤其不能有多年生杂草。第四，排灌方便，无季节风危害，但也应注意空旷通风。

种1亩[①]芦笋需苗床地1分，一般每分苗床地用腐熟栏肥250kg、复合肥1.5～2.5kg混合撒施于床面，并用70%代森锰锌500倍液或70%托布津500～700倍液或75%百菌清500倍液等杀菌剂100kg洒浇，然后翻耕入土，再用3%好年冬颗粒剂或3%辛硫磷颗粒剂处理土壤防治地下害虫。整地做成宽150cm、高15～20cm的畦，在畦面与畦长垂直方向每隔20cm开一条播种沟，沟深2～3cm。

营养钵育苗应事先制备营养土。营养土要求肥沃、疏松，既保水又透气，土温容易升高，无病菌、害虫和杂草种子。营养钵可用塑料钵筒料或稻草制作（图4-9）。营养土配制比例为未种过芦笋的洁净园土70%、腐熟栏肥20%、草木灰或焦泥灰10%，另加相当于营养土量2%的过磷酸钙，堆制后用薄膜覆盖一周。播种前装入直径8～10cm的营养钵中，整实备用。

图4-9 营养钵

①　1亩≈667m²，全书同。

早春低温育苗，为加快出苗，培育健壮幼苗，生产上常采用电热线来提高土温（图4-10）。

图4-10　电热线

1. 播种期

芦笋播种育苗时期应根据种子发芽对温度条件的要求，苗株生长发育规律及生态条件、育苗栽培方法来确定。第一，根据种子发芽对温度的要求，在土温10℃以上可以开始播种。夏季高温，土温处于30℃以上，有碍种子发芽和幼茎生长，不宜播种。长江流域可行春播和秋播，春播一般为3月中旬至5月中旬，秋播以8月下旬至9月上旬为宜。

2. 浸种催芽

芦笋种子种皮革质化，透水性差，吸水慢，发芽慢，应先浸种催芽处理。将种子放于25℃左右的清水中，春播浸3昼时，秋播浸2昼时，浸种期间换水2～3次。然后将浸种后的种子置于25～30℃条件下保温催芽，待20%的种子露白即可等待播种。

3. 播种

育苗时的播种密度应利于苗株茎叶伸展和根系发育，有利于通风透光，减轻病害发生。

苗床：在事先开好的播种沟内每隔10cm左右播1粒种子（图4-11），播后稍压即盖上0.5～1cm松土或焦泥灰，随后盖一层薄稻草，浇1次水，使床土湿透。春季用塑料小拱棚保温，夏秋季搭荫棚降温。

图4-11　播种

营养钵：播种前一天将营养钵浇透水，单粒点播，深度为0.5cm左右，然后盖土至土面平，铺上稻草并浇水湿透。春季播种应盖地膜、搭小拱棚保温保湿。

第三节　幼苗管理

出苗后要及时删补苗株，保证齐苗，重点做好浇水施肥、温度管理、中耕除草、防病治虫等工作（图4-12、图4-13、图4-14）。

图4-12　营养钵初龄幼苗

图4-13　营养钵成龄幼苗

图4-14　直播幼苗

一、肥水管理

苗期水分供应状况，对苗株生育有极显著的影响。播后适当浇水，保持苗床土（营养土）湿润，以利出苗。生育期遇干旱天气时，应经常浇水，以免受旱害。梅雨、台风暴雨等多雨季节，应注意开沟排水，勿使田间积水，否则不利于根系发育，还易遭受病害。降霜前1个月开始应控制水分。

苗高10cm及时追肥，前期隔5～7d、中后期隔10～15d浇施1次带药淡水肥。

二、温度管理

20%~30%幼苗出土后及时揭去稻草和地膜，防止揭草过迟伤苗。保持苗床（营养钵）温度白天20~25℃，最高不超过30℃，防止高温烧苗，夜间15~18℃为宜，最低不低于13℃。气温稳定超过20℃时，应及时揭膜，加强光照，锻炼壮苗。夏秋季齐苗后应逐步揭去遮阴棚。注意通风换气、控温降湿。

三、中耕除草

芦笋幼苗生长缓慢，而行距大易滋生杂草，需经常中耕除草。尽量不要使用除草剂。

四、病虫防治

芦笋出苗初期极易受地老虎、金针虫、蛴螬、蝼蛄等地下害虫的危害，可用毒饵诱杀。对于夜蛾类害虫，可用敌百虫等喷杀，并及时除草，减少害虫到苗圃地产卵。为防止苗期最易发生的茎枯病、褐斑病等病害，首先要避免种子带菌，然后可用百菌清、甲基托布津等药剂防治。秋播苗在冬季地上部枯萎后及时割去地上部，清园过冬。

第四节　土壤生态消毒

芦笋是多年生宿根作物，种植后有连续10多年的经济寿命，栽培地的选择不仅是获得优质高产的首要条件，也是栽培成败的关键。首先选择适于根系及根株发育的土壤。芦笋的根系不仅担负吸收功能，吸收水分和无机养分，供应植株生长发育的需要，而且还是一个贮藏器官，为地上茎叶贮藏同化养分。根系发达，库容量大，枝叶光合作用强度和效能均高。只有在利于根系发育的土壤上种植，以形成强大的根系，才能获得高产优质。

芦笋对土壤的适应性很广，但不同性质的土壤对根系发育的影响仍极大。在疏松深厚的砂质土上，植株的肉质根多、长、粗；而在黏重的土壤上，肉质根少、短、细。一般以土质疏松、通气性好、土层深厚、排水良好、具有一定保水保肥力的砂壤土为最适宜。应避免选择以下几种土壤种植。

第一，透气性差的重黏土，不利于根系发育，更不利于培土、采收等作业，而且容易发生畸形笋。

第二，耕作层浅、底土坚硬、根系伸展不下去的土地。

第三，强酸性或强碱性的土壤。

第四，地下水位高的土地。芦笋根系可以深达地下2~3m，地下水位高的地方，根系难以向下伸展，而且易引起根群腐烂，造成缺株。

第五，水稻近邻。因水田渗水，土壤长期受湿，也会影响根系的发育和植株的生长。

第六，石砾多的土地或瓦屑土。会使嫩茎弯曲，降低产品质量。

由于连续多年种植，土壤恶化、土传病虫害高发等一系列问题频频出现，加之工业化、城镇化的推进，耕地资源日益萎缩，种过芦笋的田地再种芦笋屡见不鲜，产量下降、品质变劣、效益降低，严重制约着芦笋产业的绿色可持续发展。

笔者（2010—2018年）通过试验研究总结出芦笋地再种芦笋的土壤生态消毒法。此法适用于种过芦笋的土地，但也应避免底土坚硬、碱性强、地下水位高、瓦屑石砾多的土地。

1.撒施

庄伯伯施入土中后，在遇水转化成尿素的过程中，其中间产物单氰胺会对作物造成伤害。因此，施用庄伯伯后需要一定的安全等待时间，使单氰胺完全转化成尿素后，才能播种或定植作物。施用

3kg庄伯伯需要等待1d的时间，具体等待时间根据实际施用量进行计算。一般定植前20~30d，选连续3~4d晴好天气，每亩撒施庄伯伯40~60kg（图4-15、图4-16）。庄伯伯是碱性肥料，不要与酸性肥料一起施用。

图4-15　撒施庄伯伯

图4-16　撒入土中的庄伯伯

2. 翻耕

撒完庄伯伯后，连同前茬芦笋根盘、田间杂草，深翻20cm入土（图4-17、图4-18）。

图4-17 人工翻耕

图4-18 机械翻耕

3.盖膜

翻耕结束，即盖上废弃的旧薄膜，四周压实封严（图4-19）。

图4-19 盖膜

4. 灌水

有条件的行膜下灌水（图4-20），膜下灌水不方便的，也可以先灌水再盖膜，但灌好水后应立即盖膜（图4-21），防止庄伯伯与水反应生成的中间产物单氰氨对人造成伤害。必须大水漫灌，一直灌到地面不见明显水下渗为止。

图4-20　膜下灌水

图4-21　膜前灌水

5. 闷棚

薄膜盖好封严后密封15 ~ 20d（大棚则将天膜、裙膜一并盖严），期间保持土壤湿润（图4-22）。庄伯伯在土壤中的分解速度与土壤含水量、土壤温度和施用量有关。庄伯伯在土壤相对持水量不低于70%、土壤20cm日平均地温不低于15℃的情况下才开始分解。当土壤相对持水量低于70%或者土壤20cm平均地温低于15℃时就停止分解或分解很缓慢。庄伯伯在土壤中的分解速度随着地温的升高而加快，随着施用量的增加而减慢。

图4-22 覆膜

6.掀膜通风

闷棚20d左右后掀膜通风（图4-23），通风后2～3d即可松土种植。

图4-23 掀膜

第五节 定 植

1. 定植期

定植时期主要根据育苗时期和作物茬口来决定，长江流域春播的定植时间为5—6月，秋播的定植时间为当年10月或翌年3—4月。定植时要避开雨季，避免起苗受伤后的苗株感染病害。

2. 起苗

定植后的苗株不仅靠原有根系吸收矿质养分和水分，更依赖肉质根的贮藏养分供应植株的再生长。故起苗时伤根严重的，对定植苗的再生长会造成很大影响；根系损伤少，贮藏养分多，吸收机能好，定植苗生长自然健旺，早年嫩茎产量也一定较高。为减轻起苗与定植过程中的伤根问题，务必掌握在土壤干湿适宜时掘苗；挖苗宜深，尽量多带土，少伤根系，将肉质根留长一些；起苗后避免风吹日晒，以免肉质根干瘪，影响定植成活率和植株生长。

3. 苗株分级

芦笋不仅因植株的性别不同，生产力有极大差异，而且因异花授粉，株间变异很大，不仅性状参差不齐，长势及产量也有很大差异。林孟勇（1980）曾调查记录了6年芦笋的单株产量，丰产田株丛平均2kg左右，高产株丛达7kg以上，而低产株丛却在1kg以下。据此，生产上若能选择高产优质的苗株定植，就可使单位面积产量提高数倍乃至10多倍。不过目前仅能根据苗株茎枝形态鉴别出以后嫩茎的优劣，如苗茎粗大，则有生长粗大嫩茎的倾向；第一分枝离地高，则嫩茎顶部鳞片一定包裹紧密，不易开散；分枝与主茎的夹角小，则嫩茎顶部鳞片也不易开散；主茎直立，断面圆整，分枝上方主茎上的纵沟浅，则嫩茎多圆整。

如何根据苗的形质判断产量高低的问题，曾有不少研究报道，但有实用价值的仍只有根据苗的长势或大小进行选别。将苗分级栽培的主要目的是便于田间管理，避免生长发育速度快的植株影响生育慢的植株。苗株分级标准，常因苗株生长季的长短而异。生长季短的小苗，可依据株高、茎数、茎粗、根数等综合因素来决定分级标准。

4. 定植密度

芦笋的栽植密度对株丛发育、嫩茎数量和质量，以及单位面积的产量变化，均有深刻影响。一般稀植的株丛发育快，单株逐年收获量的增长快，嫩茎粗，质量好；增加栽植密度会不利于株丛发育，影响单株产量的增长，但早年单位面积产量大大提高，以后虽随株龄的增长其差距趋于缩小，但多年累计产量仍明显超出稀植，而且在一定密度范围内，对嫩茎质量并不会有明显影响。但当密度超过一定范围后，由于株间竞争加剧，嫩茎的质量会受严重影响，且株丛在养成期间由于茎叶过茂，田间通风透光不良，下部枝叶容易黄化落叶，招致病害蔓延。因此，最适宜的栽植密度，应在不使嫩茎变细的范围内，以提高单位面积的产量为原则。

实际确定栽植密度时，应根据各地有效生育期长短、雨量、土壤肥力、栽培管理等多种因素来决定。有效生育期短，土壤瘠薄，降水少，可提高栽植密度；有效生长季长，土壤肥沃，雨水充沛，株丛生育容易过茂，病害多，栽植则应稀些，特别应扩大行距，以利于通风透光，便于控制病害蔓延。生育期长的地方，行留母茎采收的，由于延长了采收期，株丛养育期缩短，避免了株丛生育过茂现象，则可缩小株行距。

5. 定植深度

苗株栽植深浅，常会影响栽植成活率，株丛的生长发育，嫩茎发生的早晚、产量和质量。一般栽植过深，存活率低，根部氧气不足，早期植株发育不良，春季嫩茎发生迟，采收嫩茎时，残留部分多，消耗养料，影响产量。而浅栽虽然容易成活，株丛生长发育快，春季嫩茎发生早，数量多，但鳞芽瘦，嫩茎细，茎叶繁茂，容易倒伏，且易受干旱、霜冻等自然灾害的影响。芦笋根株（地下茎）有逐年上升的特性，需行深植，以免短期内就近离土表，引起植株倒伏和株丛发育早衰。但实际上，栽植深浅仅对植株早期的发育有影响，多年以后的根株在土下均处于相似的位置，表明地下茎在适合的环境下向水平方向生长，不适合时就会改变方向，达到适合的土层后又向水平方向发展。因此，无论当初深栽还是浅栽，多年后植株周围的地下茎的位置，大体上都处于同一深度。据泽田（1975）在疏松的火山土条件下观察研究结果，栽在15cm处的地下茎呈水平方向生长，否则将向上或向下生长。

实际的栽植深度应随苗龄大小、土质和气候条件的不同而异。多雨水、土壤透气性差，宜浅栽；少雨水，气候干燥，土质疏松，宜适当深栽。一般以10~15cm为宜，但刚栽植时覆土厚度只需3~6cm，当新的地上茎长出后，再分次覆土到一定深度。否则，将由于根部氧气供应不足，延误活棵，降低成活率。

田间通风要好，栽植时行的方向应与当地的主要风向平行，以利通风，使沾在枝叶上的雨露易干，可减少病害。

6. 定植方法

栽植时将苗株按行距1.4~1.6m、株距25~35cm摆放在预先准备好的定植沟中，注意将苗株地下茎上着生鳞芽的一端顺沟朝同一方向排列，将根均匀伸展于土面，然后覆土（图4-24）。由于粗大肉质根不易与土壤密接，摆苗时应注意将根系放舒展，不可弯曲或相互重叠，覆少部分土后将苗株向上提拉一下，以免根部留有空隙，然后再盖上5~6cm土，呈龟背形即可，浇定根水，注意保墒，并避免土表板结（图4-25）。

图4-24 定植

图4-25 定植完毕的幼苗

第六节 大田管理

一、定植后当年的管理

1. 水分管理

移栽后遵循"少量多次"的原则及时浇定根水，土壤持水量保持在60%左右。

2. 培土与追肥

抽生嫩茎后隔10～15d培土1次，每次3cm，共培土2～3次，直至棵盘上盖土10~12cm。

庄伯伯的肥效缓释期长达90~120d，因此，定植后3~4个月内基本不需施肥。3~4个月后施肥随植株生育状况逐渐增加。春季播种的芦笋于入秋后生长转旺时，秋季播种的芦笋于翌年抽生嫩茎时，结合灌水施1~2次淡粪水，或每亩施10kg三元复合肥或15kg有机复合肥，于植株两边开沟施入，使株丛茂盛。但降霜前2个月停止施肥，否则后期不断发生新梢，影响养分积累。

3. 疏枝搭架

这时的株丛培育，以最大限度地促进株丛和根株的发育，使其迅速成园为主要目标。定植时可盖黑色地膜提高早期土温，保持土壤湿度和通气状况。这对促进地下茎生长和分枝、鳞芽群的形成和根群的发育、加速成园有极显著的效果，并有防除杂草、防止茎枯病感染、避免雨涝危害等多方面的效果。

移栽后的芦笋茎枝生长密集而纤细，不利通风透光，需要每隔半月疏枝1次，剪除细弱、病残、衰老、枯死的茎枝。同时及时搭架拉线，防止倒伏。进入10月后，每棵盘保留健壮茎株10~15根作为母茎留养，长至1.5m高时打顶。

4. 除草防病

定植后第一年植株矮小，株丛发育缓慢，枝叶覆盖度小，田间易滋生杂草，要勤中耕除草，彻底防除杂草，特别要防止多年生杂草滋生。并做好开沟排水工作，防止病害发生蔓延。

二、肥料管理

芦笋的施肥不仅仅是为了补充供给各种营养元素，而且还起着改良土壤理化性状，创造一个适于芦笋生长发育的土壤环境的作用。虽然各种营养元素对芦笋植株的生长发育都是不可缺少的，但吸收最多、影响最大的是氮、磷、钾、钙等四大元素。

氮是蛋白质的主要成分，蛋白质又是原生质的主要组成部分，细胞核及细胞器中的核酸也是含氮物质，新陈代谢过程的催化剂酶，本身就是一种蛋白质。氮又是叶绿素的主要组成成分之一，直接关系到光合作用的强弱和叶的光合寿命。芦笋对氮的需求量也最多，氮对茎叶生长有强烈的促进作用。一般氮肥供应充足时，植株高大，茎叶茂盛，光合作用面积大，光合功能寿命长，积累同化养分多，嫩茎发生粗而多；氮肥不足，则生育不良，嫩茎细而纤维多，对产量影响最明显。但氮肥过多也会使茎叶生长过茂、徒长而消耗养料，使同化养料的积累减少；同时会降低植株的抗病性，使田间通风透光不良，易遭病害，招致严重减产。采收期间氮肥供应过多，嫩茎易发生空心、畸形，且味淡而苦。

钾是植物一切与生理作用有关的原生质胶体状态和其物理化学体系的维持参与者，是保证其健全功能不可缺少的元素，特别有利于芦笋茎叶光合产物的合成、转化、运输和积累，为发生嫩茎提供丰富养料，并对嫩茎粗大、充实，增强植株的抗病性作用很大。其需求量也很多，几乎与氮素差不多。

磷是生命物质的核心元素，是生物体新陈代谢作用的重要功能物质。其对芦笋根系、鳞芽的发育，营养成分的合成、运转，增进嫩茎甜味、香味均有重要作用。一般缺磷比缺钾的影响大。但磷肥过多，会引起茎叶早衰，光合强度降低。

钙在植物体内能中和过剩的有机酸，并拮抗过多的其他离子，避免某些过剩元素的毒害作用，使芦笋植株的组织坚实、抗病性增强，能促进根系发育；有助于碳水化合物的代谢、蛋白质的运转；有利于同化养分向肉质根运转和积累；有助于嫩茎充实、避免空心等。钙需要量几乎与氮、钾一样多。钙在茎叶中的含量，往往多于氮、钾成分。由于一般土壤并不缺钙，常不引人注意。但在酸性土壤及施氮肥过多时，常会出现缺钙现象。

芦笋对其他一些营养元素的需要量较少，一般土壤中都可得到满足。不过在砂土地、酸性土、盐碱土上，也会发生一些营养贫乏症，常见的有因缺镁而发生的拟叶缺绿病，这种病在大量使用钾肥的情况下，最易发生。此外，硼素不足也会明显影响产量，而且施硼肥能提高钾的肥效，提高嫩茎的品质和甘味，因此，有时也必须补充供给。

芦笋每年的施肥量，是根据芦笋植株总的生物学产量（包括嫩茎产量、全年地上茎的总重量、地下茎及肉质根的年生长量）的大小，土壤的肥沃度，肥料的利用率，以及气候条件等综合因素来决定的。实际施肥时，则根据土壤、气候及植株的生长情况而定。为发挥施肥的最大效果，必须重视氮、磷、钾三要素的配合使用。其中任何一种元素供应不足，都将影响产量的提高。在施肥中不仅要注意氮、磷、钾的配比协调，而且还要求有恰当的施肥量，盲目加大施肥量，效果往往会适得其反。施肥过量得不到更高产量，有时还会减产的原因在于植株吸收过多的氮、磷、钾元素以后，导致阻碍其他一些元素的吸收，扰乱了植株正常的新陈代谢功能。在这种情况下，只有补充其他一些元素，才能获得增产效果。

在实践中，施肥过多常导致植株生长过茂，田间通风透光不好，群体下层光照强度不足，反而造成同化养分消耗增加，积累减少，而且还容易遭致病害。其中尤以氮肥过多，影响最大。

不同种类的肥料所含肥分和化学性质都不相同，其肥效也会有很大区别。

一般农家肥料含肥分完全，见效慢，肥效长，可经常不断地供给植株对各种养分的需求，不易发生肥料用量过多的不良影响。其中以堆厩肥的效果最好，它能改良土壤的理化性质，使土壤疏松，利于芦笋根系的发育，能增强土壤的保水、保肥力，并能提高磷肥的效果，使磷不易被土壤固定，能渗入10cm深的土层中，便于根系吸收。因此，使用堆厩肥有着显著的增产效果。多施农家肥是芦笋施肥技术的重要内容之一。

在化学肥料的使用上，氮肥一般以尿素最好，其他种类的氮肥应根据土壤性质来选择。如一般耕地长期施用硫酸铵，会提高土壤酸度，影响植株生长发育，因此多年后的肥效表现不及硝酸铵或尿素。而在盐碱地上，以硫酸铵作氮肥来源，可降低土壤的碱性，有利于植株生长发育，肥效反而较好；如施碳氨，则肥效很差，不仅很易分解、挥发，而且会提高土壤的碱性，使植株生育受影响。在采收期以碳氨追肥，常会逸出氨气熏伤嫩茎。钾肥以氯化钾比硫酸钾好，但盐碱土上，则以硫酸钾为好。

科学的施肥时期及肥料分配，首先应以芦笋植株的年生长发育规律及其吸肥规律为依据。一般冬季处于休眠状态，基本不吸收矿质养料；当休眠期通过后，随着春季土温的回升，鳞芽开始萌动，随后贮藏根伸长，在老的部位发生新的吸收根，并抽生嫩茎，地下茎也随之延伸，同时长出新的贮藏根，此时已开始从土壤中吸收矿质营养。但由于幼茎在伸出土面不久被采割，使新根的发生和生长都受到很大抑制。因此，在嫩茎采收期间植株的生长量不大，所需的矿质营养不多，且根系吸收力较弱，吸收养分也不多。而当采收结束以后，形成地上茎叶的时期中，由于茎叶的生长和大量新根的发生和生长，不仅需要大量有机营养，而且还需要大量矿质营养；同时由于大量新根形成，植株的吸收机能也大大加强。在同一时期中，若不采收，任茎叶自然生长，所需的矿质营养比采收时大大增加，其中五氧化二磷约为发生嫩茎时需要量的2.9倍，氮与氧化钾的需要量都在3.6倍以上。由于地上茎叶自然生长的时候，根系也得到发育，大量新根跟随发生与生长，根系吸收力也就大大提高。因此，同一时期内从土壤中吸收的矿质营养量也大大高于采收嫩茎情况下的吸收量，其中除五氧化二磷为采收嫩茎情况下的83.3%以外，氮为172%、氧化钾为228.7%。在采收结束后的茎叶生长时期中，根系吸肥力随着温度的提高变得更加旺盛，其吸收量也就更多。因此，施肥的重点应在采收结束以后地上茎叶生长发育期，即在芦笋植株需肥最多，根系吸肥也最多的时期进行。

在采收期或采收前要不要施肥，许多人认为，收获的嫩茎中所耗（需）矿质营养很微小（只占7%～8%），而根株中所含的矿质养分已很充裕，这时根系吸收养分，仅仅是起贮存性质的作用，因此这时没有必要施肥。但休眠的根株中贮藏的养分，极大部分为碳水化合物，所含的各种矿质养料，大部分为根株本身所固有，作为贮藏形态存在的仅是其中很少一部分，其总的矿质养料含有率远没有植株生育期间高，因此不能以嫩茎消耗矿质养分少作为贮藏的矿质养料充裕的依据，何况嫩茎的发生与生长，需将碳水化合物转化为氨基酸及蛋白质形态，供给分裂和膨大；在这个过程中所需的矿质养料，比采收的嫩茎中矿质养分含量要多得多。实践证明，当土壤营养不足时，追施肥料能加速碳水化合物的转化，促进鳞芽萌发和嫩茎的生长。因此，采前和采收期间仍有必要施肥，其施肥量约为前一年采收后施肥总量的1/3。

在留母茎采收的情况下，需要大量的矿质营养供应才能使母茎生育健壮，从而维持较强的光合作用效能，不断向嫩茎提供充足的同化养料，因此，不仅要施肥，而且施肥量也特别多。一般为防止母茎衰老，春母茎留养成株后，前期间隔20d、后期间隔15d施肥1次，每次每亩施三元复合肥20～30kg。秋母茎留养后，视植株长势确定施肥量，早期间隔15d每亩施三元复合肥20～30kg，中后期间隔7～10d喷施1次叶面营养肥。

三、水分管理

芦笋是颇耐干旱、忌田间积水、易受涝的作物。在我国南部及东部地区，常因多雨或植株生长季节雨量集中，易发生田间积水，遭致病害，使园田毁于一旦。因此，要注意开沟排水，切忌造成田间积水，避免烂根。但水分供应不足时，植株又十分敏感，不仅植株长得矮小，而且鳞芽会停止萌发，形成茎数少；只有水分供应充足，植株才能生长高大，茎数多，枝叶繁茂。因此，在遇干旱时，需及时灌水，以促进植株的生长发育。为避免土壤板结，应行沟灌，切忌漫灌，最好滴灌。当植株形成足够的地上茎后，应通过水分的控制，防止株丛生长过茂，遭受病害；当植株进入休眠前的2个月以内，更应控制灌水，以免植株继续发生新茎，造成同化养分的浪费。一般母茎留养期间土壤持水量保持在60% ~ 70%，采笋期间保持在70% ~ 80%。

四、中耕与土壤改良

芦笋根株的发育极需疏松透气的土壤环境，一年中应结合追肥和除草进行多次中耕，在年末清园后，全园浅耕。因芦笋根系损伤后不会再生，只能浅中耕，多年后深层土壤将变得愈来愈紧密，且缺少肥分，因此，每2 ~ 3年应隔行挖掘施肥。即于行间中央开掘20cm宽、40 ~ 50cm深的沟，埋施堆厩肥并撒施石灰，以改良深层土壤的理化性质，促进根系发育。

五、除草

芦笋幼茎采收时，时间长，又无枝叶，不仅滋生杂草，而且还有大量种子落在田中，长出大量实生苗，与植株争夺土壤的水分、养分及氧气，从而影响株丛的生长发育。实生苗还易成为病害寄主。春季滋生杂草，影响地温上升，有碍鳞芽萌发和嫩茎生长。因此，消灭田间杂草，对于促进株丛生长发育和嫩茎生长，有很重要的作用。一般除草都结合田间中耕松土进行。

六、大棚温度管理

大棚因保温效果明显，植株萌芽早，一般采收始期比露地早50 ~ 60d，但早期棚内平均温度一直处于较低的情况下，嫩茎萌生与伸长都很缓慢，而且因根株休眠不充分，株丛间的鳞芽萌发很不一致，使盛采期峰顶低落，而收获期天数明显延长。收获期长虽有利于产量提高，但也增加了不稳定因素。如收获后期外界气温高，棚温就更高，嫩茎伸长加速，茎顶鳞片容易开散，而且这时根株贮藏养分已明显减少，嫩茎细，更促进顶头的开散现象。

开始覆膜保温越早，越有利于鳞芽早萌发，但外界气温变化很不稳定，萌芽后易受冻害。因此，覆膜保温应根据不同地区的气候变化规律和大棚的保温能力，确定保温开始日期。覆膜后要求棚内最低温度在5℃以上，萌芽开始以后，棚内不会出现0℃以下低温。一般当外界气温平均为0℃左右时开始保温，长江流域冬季没有长期0℃以下的低温，可在冬季清园后开始覆膜保温。早期低温产量上升慢，但在不受冻害的情况下，产品质量好，头部紧密，含糖量高。当温度升高以后，在高温影响下，头部容易松散，风味淡薄，为提高品质，要加强换气降温管理。一般出笋期白天气温控制在25℃左右，最高不超过30℃，夜间保持12℃以上。如棚内气温达35℃以上，打开大棚两端，掀裙膜通风降温。冬季低温期间采用大棚套中棚和小拱棚保温，如遇到气温低于-2℃时，要在棚内小拱棚上加盖草帘、无纺布等覆盖物，以确保棚内气温不低于5℃。

第七节　母茎留养与清园消毒

由鳞芽发展成嫩茎，需要供应大量养分，这些养分是上年地上部进行光合作用所造成，并积累在肉质根中的。已知嫩茎的形成是受贮藏根多少及其蓄积的同化养料含量、根株上的鳞芽数及其素质所左右的，而根株的发育状况除与土壤性质有关外，更重要的是有赖于地上株丛（茎叶）的光合产物供应。由此可见，嫩茎产量的形成与肉质根中积累的养分多少，取决于上年地上茎、枝的繁茂状况，所以株丛培育管理是整个栽培管理中最重要的部分。

每年春季，经过数月的嫩茎采割，根株中贮藏养分不断地消耗，使其中许多肉质根因贮藏养分干枯而逐渐萎缩衰亡，有些老的肉质根本身也要新陈代谢，根株上的鳞芽因贮藏养分供应不足，变得瘦小，甚至枯萎。因此，每年采收至嫩茎变得细瘦时，必须停止采收，转入株丛的培育管理，使其恢复重建成强大的贮藏库和吸收体系——根群；形成数量众多、发育饱满的鳞芽群和强大的同化体系——茂盛健壮的茎叶，以使根株积累大量的同化养分。长江流域行春、秋两季留养母茎。4月中旬前后雨尾晴初时选择健壮嫩茎留养春母茎，具体留养数视当年春笋的生长情况而定，一般每棵盘二年生的留2~3根，三至四年生的留3~4根，五年生及以上的留5~8根，棵盘大的可适当多留。8月中下旬择晴天选分布均匀的健壮实心嫩茎留养秋母茎，每棵盘三年生以下的留6~10根，三年生以上的留10~20根（图4-26）。

图4-26　母茎留养初期

为促进母茎的健旺生长，创造不利于发病的环境条件，留养初期需要进行清园消毒。

1. 开沟

春季和秋季母茎留养前期，畦两侧距棵盘30~40cm处开浅沟5cm（图4-27）。

图4-27 开沟

2. 沟施

开好沟,顺着浅沟每亩施入庄伯伯20~25kg(图4-28、图4-29)。

图4-28 沟施庄伯伯

图4-29 施入浅沟内的庄伯伯

3. 覆土

庄伯伯施入完毕即覆土与畦面平。

4. 浇水

畦面覆土后浇水使土壤湿润（图4-30），同时保持植株干燥。

图4-30　浇水

为避免植株生育过旺，母茎倒伏，遭致病害，及同化养分的无谓损耗，需进行一系列的植株调整。

株丛疏删：在无霜期长的地区，或行大棚覆盖栽培时，在采收结束后有很长的有效生育期，若任其自然生长，会使田间株丛茎叶生长过于繁茂。在此种情况下，应于早期删去部分地上茎，以减少同化产物，控制株丛的发育进程，避免株丛过茂。母茎（地上茎）疏删的程度和次数，应视株丛养育期的长短及气候的变化规律，和当地病害发生情况而定。一般养育期愈长，删割次数也愈多，早期留养的母茎也要少一些，但至下霜前2个月，每株应形成15枝左右的地上茎，不能再继续疏删，否则会促进新茎的发生，消耗同化养分。如株丛养育期长，而气候干旱，地上茎长得少，就不需疏删。疏删应在新茎刚长出地面不久时进行，首先割除弯曲、细弱、有病虫的茎，保留粗壮、挺拔、无病虫伤害的茎，并注意坐落位置要分布合理。温暖地带7—8月间高温条件下，应停止疏删，否则易遭受立枯病、软腐病的危害。

母茎打顶：打顶即将地上茎截短（图4-31），其直接作用是避免风害、防止倒伏；同时由于打顶导致地上茎的枝叶减少，使同化养分也减少，从而控制株丛发育，改善田间通风透光条件，预防病害蔓延。但打顶过度，枝叶太少，同化养分不足，株丛发育受到严重抑制，会使翌年减产。因此，一般都在有风害的季节及株丛养育的前期，与疏删结合进行。一般于株高1.5m时摘除顶梢。

图4-31　打顶

整枝：也是一种减少枝叶、改善田间通风透光条件、控制株丛生长发育、预防病害蔓延的措施。一般当盛夏期间，由于温度高不允许疏删母茎，而田间枝叶繁茂，易使中下部叶子发黄，又不利于喷药防病，在这种情况下，可疏删或短截修剪侧枝。

疏花疏果：雌株上着生的大量果实，会夺走大量的同化养分，摘除雌花或幼果就可减少养分消耗，使产量增加。

支架与培土：一般在深植的基础上，只要实施培土与打顶就可防止倒伏。但留母茎采收时，在株丛养育前期疏删了部分地上茎，使植株难以相互依靠，易发生倒伏，故需立支架拢住母茎，防止倒伏。立支架后可确保行间畅通，有利于实施喷药防病等田间作业。支架方式，对于保护地栽培，可直接用小拱架当作支架用，将母茎拢在拱架上。对于露地栽培，应每隔1.5～2m立1.2m高的铁管桩或竹

（木）桩，当地上茎形成时，以尼龙绳（带）拢住两桩之间的地上茎（图4-32）。切不可将每个株丛茎捆扎在一起，而要让枝叶仍自然展开（图4-33、图4-34）。培土工作都在采收结束后的中耕时进行。

图4-32　搭架拉线

图4-33　母茎留养成株

图4-34　母茎留养成园

第八节　病虫害防治

　　芦笋有许多病虫害，有的使地上枝叶受损，影响同化作用，危及根株发育和同化养分的积累；有的直接危害根株，引起烂兜缺株；也有的危害嫩茎，直接影响嫩茎的产量和质量。我国南方温暖多雨，有利于芦笋病虫害的发生和蔓延。

　　生产上应遵循"预防为主、综合防治"的原则，坚持"农业、物理、生物防治为主，化学防治为辅"。

一、病害防治

　　芦笋植株由于生长发育期长，比较容易引起病害的发生和蔓延，而且过茂的枝叶又往往使病害难以得到有效的控制。主要病害有茎枯病、褐斑病、根腐病等。

（一）茎枯病

　　也称茎腐病，是我国芦笋的主要病害，在温暖多雨时易蔓延。该病发生蔓延，轻则使翌年严重减产，重则全园茎秆枯死。

　　1. 症状

　　多在地上茎幼嫩时侵染，开始出现乳白色小斑点，以后扩大成纺锤形或短线形的褐色病斑，边缘呈水渍状（图4-35）。随着病斑扩大，其中心部稍凹陷。其后病斑褪色成淡褐色至黄白色。其上发生多数黑色小粒点，为分生孢子器。病斑绕茎、枝周围时，其上部干枯。病害流行时，短期内可使芦笋大面积枯黄，造成连片死亡，似火烧状。

　　2. 病原菌

　　为天门冬拟茎点霉，属半知菌亚门真菌。分生孢子生于分生孢子器中，分生孢子器在病斑的表皮下。菌丝5～45℃均可生长，15℃以下或35℃以上生长缓慢，20～30℃生长良好，24℃生长最快。器孢子在11℃以下不能发芽，35℃以上萌发受抑制，20～30℃萌发较快，24℃左右最为适宜。对酸碱度适应范围广，氢离子浓度0.1～10 000nmol/L（pH值5～10）均能生长良好，以100nmol/L（pH值7）为最佳。病原菌残留田间的存活期长，在病茎组织中越冬的病原菌8个月后仍有存活。在日平均温度20～28℃的多雨高湿的田间只有极少量孢子可存活1个月之久，埋于土下的存活力下降较快。病原菌的寄主范围较窄，除芦笋外，仅见文竹、紫狼尾草等少数植物有侵染报道。

图4-35　茎枯病初期

3. 发生规律

病原菌以分生孢子器随病残组织遗留田间越冬，翌春后散出分生孢子通过雨水传播，侵害嫩茎。初次感染因土中萌生出幼茎的鳞片带有病菌孢子，或病原孢子由雨水反溅嫩茎表面而来。以后由病斑中的分生孢子借气流及雨水反溅进行再侵染。病菌于茎枝细嫩时最易入侵；茎枝伸长停止，组织坚实，侵染较难。一般在嫩茎长出2周后，感染率最高。而病害的发生与蔓延，同温度、雨水的关系极为密切，气温24℃左右及多雨发病最为迅速。一般南方6—7月梅雨期和9—10月秋雨期为发病高峰期，7月下旬至8月下旬高温干旱，发病较轻，但热带风暴频繁的年份也会迅速蔓延。病情发展还与菌源基数、施肥、土质和排水状况有关。菌源基数大，发病早而重。多施肥，特别是多施氮肥，株丛生育过茂，地势低洼，排水不良等都会导致严重发病。种植年份长、土壤黏重、田间积水、土壤含水量高、偏施氮肥或缺少氮、磷、钾肥等，病害发生严重。

4. 防治方法

（1）农业防治。减少田间菌源基数或避免菌源带入田间。主要措施有：将种子以50℃热水或饱和漂白粉液浸泡消毒杀菌，于洁净的土壤上育苗，避免苗株带病至大田。种植前每亩撒施庄伯伯40～60kg进行土壤生态消毒；春季和秋季母茎留养前期每亩畦施庄伯伯20～25kg进行清园消毒。做好田园清洁工作，芦笋园在管理中随时清除病茎、病枝，并予以烧毁；每年冬季地上茎枯萎后，将枯茎割去，残茬拔除，集中到田外烧毁，然后对根株喷药杀菌。保持沟渠排水畅通，降低地下水位和田间湿度，确保水淹不超过24h。增施有机肥和磷钾肥，使植株生育健壮，增强抗病力。避免株丛生育过早繁茂或生长过茂，改善田间通风透光条件，控制病害的蔓延。

（2）药剂防治。在嫩茎及嫩枝抽生期喷药防治。可用25%凯润（吡唑醚菌酯）乳油剂2 000～3 000倍液或65%代森锌可湿性粉剂500～600倍液或70%甲基托布津（甲基硫菌灵）可湿性粉剂600～800倍液喷雾。

（二）褐斑病

1. 症状

在茎、分枝、拟叶上产生多数紫褐色至褐色的小斑点。病斑逐渐扩大后，中央由淡紫色变为灰色，周围为紫褐色轮缘，外侧呈黄色轮晕。病斑灰白部密生细小黑粒点（分生孢子器），由此簇生分生孢子梗和分生孢子，呈白粉状。病斑为椭圆形。茎上多数病斑扩大相连成为圆形或不规则的大病斑。分枝、拟叶染病变褐，发生早期落叶或茎秆枯黄，导致翌年嫩茎细，产量锐减；严重时，落叶后的植株成片枯萎，导致翌年绝产。

2.病原菌

称天门冬尾孢霉菌，属半知菌亚门真菌。分生孢子器埋于病斑的表皮下，呈盘状。自分生孢子器上簇生分生孢子梗，突出表皮，着生鞭状或丝状的分生孢子。

3.发生规律

病菌随病残组织在土中越冬，成为第一次传染源，翌年随雨水及气流传播。高温高湿时病菌繁殖迅速；株丛生育过茂和降水、田间高湿的环境，会促进病害发展。夏季温度27~30℃，特别是受热带风暴侵袭时，会引起该病大暴发，其中以田园下风处危害最大。苗床期苗株密度过大，也会促进病害发生，并使以后大田也受其影响。

4.防治方法

同茎枯病。

（三）根腐病

根腐病是一种侵害肉质根及地下茎的病害。

1.症状

侵害植株根部，使受害植株变得矮小，茎叶变黄，根部腐烂，仅留表皮，最后全株落叶枯死（图4-36、图4-37）。受害肉质根腐烂后的表皮呈赤紫色红晕，严重时被菌丝包被，并会形成菌核。

图4-36　根腐病茎　　　　　图4-37　根腐病株

2. 病原菌

病原菌称大雄疫霉，属鞭毛菌亚门真菌。

3. 发生规律

病菌在土壤中繁殖传染，以菌丝、菌核、菌丝层等附着植株根部传染，菌丝侵入根部后，导致肉质根的柔软组织中心柱腐烂。一般土壤湿度过大，是发病的主要诱因。通常在前作有紫纹羽病危害的作物田，如果园、桑园、甘薯、胡萝卜等田块，最易发生。

4. 防治方法

注意种植地的选择，一般以禾本科作物为前作比较安全。田间农事操作中，应少伤根；采收不可过度，更不宜伤及根株。做好田间开沟排水工作，避免土壤湿度过大，应选择排水好、不易积水的土地种植。多施堆厩肥，使土壤疏松、植株发育健壮。及时处理被害植株，挖走被害植株后撒施生石灰或20%五氯硝基苯粉末杀菌消毒，以防病菌蔓延。苗株种植前，用福美双水溶液浸渍10～15min杀菌。

二、虫害防治

主要虫害有夜蛾类害虫、蓟马、蚜虫、小地老虎及蛴螬等。

（一）夜蛾类害虫

包括斜纹夜蛾（图4-38）、银纹夜蛾、甘蓝夜蛾、烟草夜蛾、大小造桥虫、棉铃虫等。

图4-38　斜纹夜蛾

1. 危害

一般盛发期在7—9月，其幼虫都有昼伏夜出和假死的习性，具有对糖醋味的趋化性。低龄幼虫啃食嫩枝、嫩叶、表皮，成龄幼虫食量很大，具有暴食性，除咬食拟叶和嫩枝外，还伤害幼茎，啃食老茎表皮。猖獗时，枝叶全部吃光，只留光秃秃的枝干。由此芦笋同化器官彻底遭受破坏，引起翌年产量锐减。

2. 防治方法

（1）诱杀成虫。可用黑光灯或糖醋液诱杀。糖醋液以糖3份、醋3份、酒1份、水10份、敌百虫0.1%，调匀，每亩放置1盆诱液，白天加盖，晚上打开，每隔5d换液1次，或补加上一些。也可将糖醋诱液洒在稻草把或柳枝把上，傍晚插在田间，每亩插4把，清晨露水未干时收虫，集中烧毁，每隔4～5d换草把1次。也可安装频振式杀虫灯诱杀，每40～60亩1盏（图4-39）。还可悬挂斜纹夜蛾性诱剂和甜菜夜蛾性诱剂，每亩露地或每只大棚各1个（图4-40、图4-41）。

图4-39　杀虫灯

图4-40　性诱剂

图4-41　性诱剂

（2）物理防治：大棚采用棚顶覆盖薄膜、四周覆盖防虫网

（图4-42）进行隔离防虫。

图4-42　防虫网

（3）药剂防治：夜蛾类害虫成龄后抗药性很强，往往难以杀灭，应在初龄幼虫未分散或未入土躲藏时喷药。一般根据预测产卵高峰后4～5d，喷药效果最佳。傍晚喷药比白天好。可选用5%普尊（氯虫苯甲酰胺）悬浮剂1 000倍液或15%安打悬浮剂4 000倍液或5%虱螨脲乳油1 000倍液或15%茚虫威悬浮剂4 000倍液喷雾。

（二）蓟马、蚜虫

1.危害

以成虫、若虫从嫩茎、嫩枝、叶子上吮吸汁液，造成枝叶发黄或失绿，致使植株早衰。受害的幼茎枯萎，或生长受抑制。

2.防治方法

每亩悬挂色板30～40块诱杀（图4-43）；10%吡虫啉可湿性粉剂2 000倍液喷施。

图4-43　黄板

（三）小地老虎

1. 危害

小地老虎以幼虫潜伏土中，夜出咬伤嫩茎或幼苗。春末夏初为害最烈，八九月间秋茎抽生时，也会严重受害，生产上除育苗期重点防治外，要当心栽培绿芦笋时的嫩茎受害。此外，留母茎采收时，注意防止母茎形成时遭受危害。

2. 防治方法

（1）物理防治：除尽田间杂草，避免或减少成虫到芦笋园产卵。

（2）诱杀成虫：参见夜蛾类害虫的成虫诱杀方法。

（3）诱杀幼虫：将新鲜嫩草或菜叶切碎，喷洒90%敌百虫晶体20倍液。幼虫入土后，应在傍晚喷药。

（四）蛴螬（各种金龟子的幼虫）

1. 危害

专在土下取食，咬断根系，咬伤幼芽、幼茎、地下茎，影响嫩茎的产量和质量。造成伤口后还易招致病菌入侵，引起根腐。

2. 防治方法

不施用未腐熟的农家肥。也可采用毒饵诱杀，方法：任选一种油粕，碾碎炒香后，用90%敌百虫100～200倍液调匀，制成毒饵，撒施田间。

第九节　采　收

在芦笋栽培中，采割刚萌生的幼茎作为菜用，完全是一个消耗根株中的贮藏养料，或直接消耗茎叶同化养料（留母茎采收）的过程。本来这些养料是用于植株自身生命活动及植株再生长的。采收嫩茎，夺走部分养料以后，往往会影响株丛的生长发育。但栽培实践证明，合理的采收，不仅不会影响植株的生长发育，反而有促进株丛发育（扩展）和提高其制造与积累同化养料的功能。因此，保持株丛的发育、不影响植株的再生长、维持植株的枝叶有足够的光合作用时期，是科学采收的原则。

在定植后植株发育的幼年期，多以有利于株丛发育为前提，使其形成强大的根株，为以后的丰产奠定基础。一般要待株丛发育到一定程度，才可开始采割嫩茎，且采收持续天数要短，以后再逐年延长。当株丛发育到成年期（成园）后，每年采收的持续期，应不妨碍植株的再生长，不妨碍形成繁茂的茎叶体系和新的根系，这就要求采收嫩茎后，有一定数量的残存养料供给植株的再生长；同时应保证采后的植株有足够的有效生长期，能行使光合作用，制造养分并积累到根株中，使翌年仍能获得丰产。而当残留养料过多，或有效生育期过长时，则会使株丛发育过茂，导致田间通风透光不良、净同化率下降，并易导致病害蔓延，常会出现适得其反的结果。总而言之，成年时的采收持续期，应在不影响植株的再生能力和翌年产量的范围内，尽可能地延长。

维持植株有效生育期，是决定采收终止期的最基本的原则。

从韩国林氏（1978）对芦笋植株净同化率的研究结果看，植株地上茎自萌芽后1个月时才有同化养分的积累，3个月时的净同化率最高，以后光合作用强度减弱，净同化率也逐渐下降，但4个月时的净同化率仍有30%左右，5个月时几乎降至零。由此看来，植株的有效生育期，至少应有3个月，约100d，最好能达4个月。否则，就不能充分发挥绿色器官的光合作用效能，根株养料积累也就不充分。

在实践中，由于各地气候条件不同，栽培方式和栽培管理有差异，不仅一年中植株全生育期不一样，株丛的发育速度也不相同。因此，始采的年份和采收持续期自然有所区别。

长江中下游北亚热带湿润区，全年无霜期在220d以上，雨量充沛，株丛发育快，年生育量大，可于定植翌年开始采收。为避免采收结束后的生育期过长，株丛生育过茂，在进行留母茎夏季采收时，可采收到7—8月结束。母茎生育健壮者，可采至8月下旬结束，全期长达100~120d。

采割绿芦笋的嫩茎长度标准，因用途而异。但都要求茎顶鳞片未散开，因此，有些还未长到标准高度，顶部鳞片已露开散迹象，就要早采。此外，应及时除去一些纤细、畸形、有病虫伤的嫩茎，以免消耗贮藏养料。要注意将残茬上长出的侧枝及时掰去，否则也会消耗养料，并成为病虫害的温床。

采绿芦笋的时间，一般每天早晨采1次。早春温度低，嫩茎少，生长慢，可2~3d采1次，当气温达20℃以上时，嫩茎日伸长量达10cm以上，应每天早、晚各采1次。

采收方法：拇指、食指、中指三指合拢捏住笋茎基部，轻轻旋转，将笋茎拔出即可。四月春笋、八月夏笋出土量减少、笋茎变细时，停止采收，选晴好天气留养母茎。

虽然芦笋的产量高低，通常由根株中积累的同化养分多少所决定，但由此转化为嫩茎的效率，还需要有适宜的环境。采收期间的管理目标，正是为创造一个较适宜的环境，以最大限度地发挥根株的产出潜力，同时还为收获终止后迅速养成株丛做准备。

在留母茎采收情况时，主要是提高和保持母茎的光合作用效能，防止早衰和免受病虫危害。主要管理工作如下：

（1）除去不良嫩茎。为防止无谓消耗养料，并抑制下一批鳞芽萌发，应及早除去各种不良嫩茎，包括严重弯曲、开裂、弯头、空心、两支并生、畸形、病虫伤、冻伤及细茎等。

（2）灌水。水分对鳞芽萌发、嫩茎的伸长和膨大均有很大的促进作用。土壤水分供应不足，要及时灌溉。早春温度低，灌水会影响土温升高，不利于萌芽和茎的生长，一般土温在10℃以上，灌水才有效果。在收获中后期灌水，不仅可满足水分供应，还能降低地温，更有利于增进芦笋的品质。

　　灌水应在午前进行，尤其早春气温低，有利于土温回升。在中后期，以低浓度的液肥灌溉效果更为显著。

　　（3）除草。采收期间是最易滋生杂草的季节，杂草不仅争夺水分和矿质营养，还使早期土温回升缓慢，不利于鳞芽萌发和茎的伸长。更有许多芦笋实生苗，成为病虫害的巢穴，所以，必须及时除去杂草。

　　（4）追肥。在留母茎采收中，矿质营养的供应对于防止母茎衰老，提高与延长母茎的光合作用强度和时间，促进同化养分运转和转化有着十分重要的作用，追肥的增产效应也极显著。为此，在采收期间要多次追肥，通常每10d左右追肥1次。肥料类型以速效的氮、钾成分为主，避免磷肥过量，否则将会促成母茎衰老，同化功能下降。每亩每次的追肥量，一般氮为5kg、钾为3kg。

　　（5）防病虫害。一般采收期间以防虫为主。芦笋常遭地老虎、蝼蛄、蜗牛、蛴螬、种蝇、金针虫的危害，使其生长停滞，嫩茎弯曲，或茎尖损伤。此时防治应以毒饵诱杀为主，以免产品滞留残毒。留母茎采收时，除防虫外，还要防止母茎遭受病害感染。

　　（6）防冻害。绿芦笋露在土面，极易遭受晚霜危害。受冻后的嫩茎生长受阻，易发生弯头、空心等不良现象。因此，在露地栽培中，应重视选择霜害轻的地段种植。另外，应用灌水办法，提高土壤的含水量，以减少夜间的地热辐射。在保护地栽培中，应掌握覆膜保温时期，避免嫩茎抽生过早，每天应根据气象预报，及时覆膜保温或加盖其他保温材料。

富阳自1986年开始种植芦笋，是著名的"中国绿芦笋之乡"，富阳绿芦笋被评为"中国特产名品"，多次在农产品博览会上获中国名牌产品称号，浙江省、杭州市金银奖等荣誉。由于富阳耕地资源十分有限，最早发展的老芦笋基地出现了多次连作的现象，土地盐渍化、病虫害频繁发生、生育期缩短、产量下降、品质变劣等连作障碍问题日趋严重，在很大程度上阻碍了富阳芦笋产业的可持续发展。

为了解决芦笋生产的连作障碍问题，探索一条解决芦笋连作障碍难题的行之有效途径，并推动富阳芦笋产业的发展，我们自2009年开始开展了相关的试验研究，并于2010—2013年组织实施了富阳市科技项目《芦笋更新连茬技术研究与推广》（编号2010NK06）。

五年来，通过土壤生态消毒、清园消毒、品种对比等试验，总结出一套芦笋重茬连作高产技术，累计推广647亩，总产量达224.4万kg，总产值1 496.0万元，总经济效益1 275.5万元，实现每亩产量比常规增加581.1kg、产值增加3 891.8元、经济效益增收4 326.2元，总增收279.9万元。项目实施区芦笋发病率明显降低，平均比常规生产降低61.0%；农药使用量减少明显，每亩成本平均比常规生产减少27.8元，降低37.6%。

五年间，筛选出适合富阳种植的优质高产杂交一代芦笋品种4个，包括西德全雄、阿特拉斯、UC157、格兰德。研究探明了"庄伯伯"土壤生态消毒对芦笋重茬连作生产的明显影响：①最适宜在夏季高温季节进行；②用量以每亩60kg最佳。研究总结出"庄伯伯"清园消毒的最佳使用方法，一是酸化严重的砂质芦笋田中使用效果佳；二是以春母茎和秋母茎留养前期每亩施用20kg最好，增产增效明显。

该课题获2013—2014年度富阳市科学技术进步二等奖。

获奖证书

根据该课题的研究成果，经过提炼总结，制定发布富阳市地方标准《芦笋连作生产技术规程》（DB330183/T 036—2014）。

为进一步巩固研究成果，促进芦笋产业可持续发展，在前几年小面积示范推广的基础上，2017—2018年组织实施了杭州市丰收项目《芦笋可持续生产高效生态关键技术研究与推广》，在浙江省富阳区、萧山区累计推广"芦笋可持续生产高效生态关键技术"15 680亩，实现总产量5 002万kg、总产值33 946万元、总经济效益27 523万元、总新增纯收益2 001万元。

在项目实施过程中，针对芦笋生产上土壤盐渍化、病虫害频繁发生、生育期缩短、产量下降、品质变劣等连作障碍问题，研究总结出一套以"种植前施用庄伯伯进行土壤生态消毒，春、秋母茎留养前期施用庄伯伯进行清园消毒"为核心的芦笋可持续生产高效生态关键技术,有效克服了芦笋连作障碍问题。试验研究了庄伯伯在芦笋生产上的最佳使用量和使用次数,以庄伯伯在芦笋种植前每亩撒施40~60kg最佳;春、秋母茎留养前期每亩畦施20~25kg最佳,年施用2次为好。通过对比试验,筛选出格兰德、佳芦1号、丰岛1号、浙丰1号等优良杂交一代芦笋品种。探索总结出"施用庄伯伯灭杀土壤病菌和采用防虫网、色板、杀虫灯、性诱剂防虫杀虫"的病虫害综合防治技术。探索总结出"施用含氮量19.8%的庄伯伯,减少化肥氮施入"的化肥减量施用技术。

经过两年的组织实施,推广"芦笋可持续生产高效生态关键技术"的实施区总产量、总产值、总经济效益、总新增纯收益分别比非实施区增加194.6%、200.4%、218.4%、1 084.0%,经济效益十分显著。以"芦笋更新连茬技术"为核心的配套技术一定程度上解决了芦笋的重茬连作障碍,为笋农在老笋地继续种植芦笋提供了技术保障,芦笋种植队伍开始壮大,2018年富阳芦笋面积比实施前增加了1 000亩。项目采用的主要材料庄伯伯经过一系列的化学反应,最后全部转化为硝态氮供作物吸收利用,在作物体内和土壤中均没有残留污染,对环境友好,不仅有助于解决芦笋生产中的部分连作障碍问题,而且提高了芦笋产品的安全性,对保护生态环境具有积极的意义。试验表明,茎枯病发病率比对照减少17.54%~88.24%,能够有效减少农药使用量,提升农产品品质,具有良好的生态效益;同时,庄伯伯产品含有19.8%的缓效氮,在芦笋生长过程中减少了化肥施入量,对减轻农业面源污染、保护生态环境起到了良好的作用。

富阳市农业标准规范地方标准——芦笋连作生产技术规程
（DB330183/T 036—2014）

前　言

本标准依据GB/T 1.1—2009的要求编制。

本标准由富阳市农业技术推广中心提出。

本标准由富阳市农业局归口。

本标准主要起草单位：富阳市农业技术推广中心、富阳市芦笋技术研究所、富阳东洲芦笋专业合作社。

本标准主要起草人：章忠梅、章钢明、任莉、董庆富、张海娟、喻利春、张明忠、朱维华、朱寿龙。

芦笋连作生产技术规程

1 范围

本标准规定了芦笋连作生产的相关术语和定义、产地环境、栽培技术、病虫害防治、采收。

本标准适用于富阳市芦笋的连作生产。

2 规范性引用文件

下列文件对于本文件的应用是必不可少的。凡是注日期的引用文件，仅所注日期的版本适用于本文件。凡是不注日期的引用文件，其最新版本（包括所有的修改单）适用于本文件。

GB 4285 农药安全使用标准

GB 5084 农田灌溉水质标准

GB/T 8321.8 农药合理使用准则（八）

GB/T 18407.1 农产品安全质量 无公害蔬菜产地环境要求

NY 5010 无公害食品 蔬菜产地环境条件

NY/T 496 肥料合理使用准则 通则

3 术语和定义

下列术语和定义适用于本标准。

3.1 露白

种子萌发时从种皮露出白色胚根的过程。

3.2 根盘

植物根与茎连接处形成的地下茎。

3.3 鳞芽

地下茎萌发的生长点附近发育肥大、包裹许多鳞片状叶、可抽生成地上茎的芽。

3.4 母茎

鳞牙抽生后自然生长、具有枝叶、为芦笋生长提供养分的地上茎。

4 产地环境要求

4.1 产地卫生指标及适宜生长环境条件

应符合GB/T 18407.1、NY 5010的规定。

4.2 产地环境温度

能调节到生长发育5～38℃范围内，嫩茎优质生产适宜温度15～20℃；喜光，需充足光照；土壤水分充足，排水良好。

5 栽培技术

5.1 品种选择及特性

5.1.1 品种选择

选择格兰德、阿特拉斯、UC157、达宝利、丰岛1号、丰岛2号等高产优质的杂交一代品种。

5.1.2 品种特性

品种特性见附录A。

5.2 育苗

5.2.1 育苗方式

分营养钵育苗、苗床育苗、穴盘育苗。

5.2.1.1 营养钵育苗

将未种过芦笋的园土过筛，每1m³园土均匀拌入腐熟有机肥10～15kg或蔬菜商品育苗基质0.5m³，堆制2～3d。播种前1～7d调节水分后装入直径8～10cm的塑料营养钵中，整实、覆盖薄膜保湿备用。每667m²大田备钵2 200～2 300只。

5.2.1.2 苗床育苗

选前作不是芦笋、甘蔗、果园、桑园的砂性田块作苗床，每667m²用腐熟栏肥1 000kg混合撒施床面，翻耕入土，做成宽150cm、高15～20cm的畦。每67m²苗床的幼苗可供种植667m²大田。

5.2.1.3 穴盘育苗

用32孔穴盘，每孔装蔬菜商品育苗基质至穴口0.5cm。只适用于春播育苗。

5.2.2 播种量

大田用种量约50g/667m²。

5.2.3 播种时间

春播为3月上旬至5月中旬，秋播为8月下旬至9月上旬。

5.2.4 浸种催芽

先将种子用40～50℃温水浸泡15min，搓洗后置于25℃左右的清水中，春播浸种3昼夜，秋播浸种2昼夜，每天换水漂洗1～2次。将浸种后的种子置于25～30℃条件下保湿催芽5d左右，待20%种子"露白"即可播种。

5.2.5 播种

5.2.5.1 营养钵

每个营养钵播种1粒，播种深度1.0cm左右，用营养土盖平后铺上稻草、浇透水，严密覆盖地膜，搭小拱棚覆盖薄膜（春播）或3层黑色遮阳网（秋播）。

5.2.5.2 苗床

在畦面与畦长垂直方向每隔20cm开一条播种沟，沟深2～3cm。每隔8～10cm播1粒种子，盖上1.0cm厚的松土或焦泥灰。畦面覆盖一层薄稻草，并浇透水，使床土保持湿润。春播用小拱棚保温，秋播搭荫棚降温。

5.2.5.3　穴盘

每穴播1粒种子，深0.5～0.8cm，用基质盖平后覆1层纱网，喷1次透水，保持基质湿润。

5.2.6　苗期管理

20%～30%幼苗出土后及时揭去覆盖物。保持温度白天20～25℃，最高不超过30℃，夜间15～18℃，最低不低于13℃。注意通风换气、控温降湿、调节光照，保持土壤湿润。采用苗床育苗的，播后1个月左右，每667m²用1～1.5kg三元复合肥（N：P_2O_5：K_2O为13：6：21，下同）对水浇施。春播苗于半个月后再浇施1次；秋播苗于12月清园时畦侧开浅沟施三元复合肥颗粒并盖土，翌年3月20日左右再浇施1次三元复合肥。秋播苗在营养钵或苗床中越冬，冬季地上部枯萎后及时割去枯枝。

5.2.7　壮苗标准

春播苗龄50～60d，苗高30cm左右，有3～4支地上茎；秋播苗龄180～200d，苗高40～50cm，有4～5支地上茎。穴盘育苗的苗龄35～40d，苗高25cm左右，有2～3支地上茎。

5.3　定植

5.3.1　生产设施

选用6m或8m大棚。

5.3.2　土壤生态消毒

定植前20～30d，在30℃以上气温条件下，选连续3～4d晴好天气，全田撒施土壤消毒剂氰氨化钙颗粒剂，用量40～60kg/667m²，连同前茬芦笋残株、根盘，深翻20cm入土，盖地膜，膜下灌水至地面不见明显水下渗（大棚则加盖天膜），期间保持土壤湿润。15～20d后掀膜松土，揭膜后2～3d种植。

5.3.3 移栽

春播苗于5月上旬至6月上旬移栽，秋播苗于翌年4—5月移栽。按行距1.4～1.6m、株距25～35cm开好定植穴，直径10cm左右，深不超过10cm，栽植密度1 500株/667m²左右。选留健壮幼苗带土分级栽植，先用少量土压实，再盖土5～6cm，使种植行畦面略呈龟背形。定植时注意将苗株地下茎上着生鳞芽的一端顺着种植行朝同一方向排列。

5.4 田间管理

5.4.1 定植当年的管理

5.4.1.1 水分管理

水分管理应符合GB 5084的规定。

移栽后及时浇足定根水，随后的浇水遵循"少量多次"的原则。土壤相对持水量保持在60%左右。

5.4.1.2 中耕除草培土

定植初期芦笋生长缓慢，田间易滋生杂草，应及时进行中耕除草，保持土壤疏松。结合中耕除草浅培土2～3cm。

5.4.1.3 追肥

肥料使用应符合NY/T 496的规定。

每隔10～15d施1次追肥，每次施三元复合肥10kg/667m²，距植株两边20～30cm开沟施入。

5.4.1.4 疏枝搭架

移栽后每隔半月疏枝1次，剪除细弱、病残、衰老、枯死的茎枝。同时及时搭架拉线，防止倒伏。进入10月后，每丛根盘保留健壮茎枝10～15支作母茎留养，长至1.5m高时打顶。

5.4.2 定植第二年及以后的管理

5.4.2.1 清园消毒

每年春季和秋季母茎留养期，畦两侧距根盘30～40cm处开深

5cm的浅沟，施土壤消毒剂氰氨化钙颗粒剂20kg/667m²，然后覆土与畦面平，并浇水使土壤湿润。

5.4.2.2 春母茎留养

第二年春季嫩茎出土即留养春母茎，每丛根盘留2~3支；第三年起每年4月中旬前后雨尾晴初时留养春母茎。选留春母茎时，应选基部直径1cm以上、无病虫斑的健壮实心幼茎，并且分布均匀。具体留养数视当年春笋的生长情况而定，一般三至四年生留3~4支，五年生及以上留5~8支，根盘大的适当多留。选留母茎后，及时清除弱枝、病残枝及杂草，株高1.5m时打顶，并搭架拉线防倒伏。

5.4.2.3 秋母茎留养

8月中下旬择晴天选分布均匀、基部直径1cm以上、无病虫斑的健壮实心嫩茎留养秋母茎，三年生以内每丛根盘留6~8支，三年生以上留10~15支。对选留的秋母茎及时整枝，清除细弱枝和病枝，适时中耕除草，同时做好打顶、搭架、拉线、防倒伏工作。

5.4.2.4 培土

定植第二年和第三年于春、秋母茎留养成株后进行培土，每次培土约2cm，直至根盘上盖土10~12cm，以后不再培土。

5.4.2.5 肥料管理

春母茎留养成株后，前期间隔20d、后期间隔15d施肥1次，每次施三元复合肥20~30kg/667m²。秋母茎留养成株后，视植株长势，早期间隔15d施三元复合肥20~30kg/667m²，中后期间隔7~10d喷施1次叶面营养液。12月中下旬冬季清园后畦侧距根盘30cm左右开沟施腐熟有机肥1 500kg/667m²，加三元复合肥30kg/667m²，并及时覆土。

5.4.2.6 水分管理

母茎留养期间土壤相对持水量保持在50%~60%，采笋期间保持在70%~80%。干旱天气视墒情隔行轻灌"跑马水"，雨季及时清沟排水。推荐使用滴灌技术。

5.4.2.7 大棚温度管理

出笋期白天气温控制在25℃左右，最高不超过30℃，夜间保持在12℃以上。棚内气温达35℃以上时，打开大棚两端、掀裙膜进行通风降温。在留养母茎的夏季采笋期，棚内中上部气温可达40℃以上，为防止烧叶，当棚长度超过35m时，要求大棚两端和边膜的通风口高度在叶层之上。超长大棚在1.7m左右高度增设一层上压膜槽，上、下压膜槽间的通风窗宽度1～1.2m。冬季低温期间采用大棚套中棚和小拱棚保温，遇到棚外气温低于−2℃时，须在棚内小拱棚上加盖草帘、无纺布等覆盖物，以确保棚内气温不低于5℃。

6 病虫害防治

农药使用应符合GB 4285、GB/T 8321.8的规定。

遵循"预防为主、综合防治"的植保方针，坚持"农业、物理、生物防治为主，化学防治为辅"的原则。使用药剂防治时，应合理轮换、交替用药。采笋期间不得喷施农药。

6.1 农业防治

选用抗病品种，做好田园清洁工作，保持沟渠排水畅通，增施有机肥。推荐大棚避雨栽培。

6.2 物理防治

大棚采用棚顶覆盖薄膜避雨、四周覆盖防虫网隔离防虫；田间悬挂黄色或蓝色诱板30～40块/667m²诱杀蚜虫、蓟马；每2～3hm²安装1盏频振式杀虫灯诱杀蛾类害虫。

6.3 生物防治

每667m²露地或每个大棚悬挂斜纹夜蛾和甜菜夜蛾性诱剂各1套。

6.4 药剂防治

主要病害有茎枯病、褐斑病、根腐病等；主要虫害有斜纹夜蛾等蛾类害虫、蓟马、蚜虫等。

药剂防治方法参见表1。

表1

病虫害名称	防治方法	年生长期内农药使用次数和安全间隔期
茎枯病、褐斑病、根腐病	25%吡唑醚菌酯乳油剂2 000～3 000倍液喷雾	1～2次，安全间隔期5～7d
	65%代森锌可湿性粉剂500～600倍液喷雾	1～2次，安全间隔期15d
	5%氯虫苯甲酰胺悬浮剂1 000倍液喷雾	1～2次，安全间隔期1～2d
蛾类害虫	5%虱螨脲乳油1 000倍液喷雾	1次，安全间隔期7d
	15%茚虫威悬浮剂4 000倍液喷雾	1～2次，安全间隔期5～7d
蓟马、蚜虫	10%吡虫啉可湿性粉剂2 000倍液喷雾	1～2次，安全间隔期7～10d

7 采收

7.1 采收季节

二年生芦笋采收夏、秋两季，三年生以上芦笋采收春、夏、秋三季。4月春笋、8月夏笋出笋量减少、笋茎变细时，停止采收。

7.2 采收方法

手指捏住笋茎基部，轻轻扭旋，即可将笋茎拔出。

附录 A
（规范性附录）
芦笋品种特性

A.1　格兰德

植株高大，长势强健，笋茎粗壮肥大，色泽深绿，外表光滑，产量高，质量好，茎枯病、叶枯病、褐斑病发病程度较轻。

A.2　阿特拉斯

株型高大，笋茎较粗壮，色泽深绿，萌芽早，抽生茎数多，顶部鳞片抱合较紧，产量高，抗逆性较强。

A.3　UC157

笋茎粗细适中，色泽绿，包头紧密，产量较高，适合速冻。

A.4　达宝利

早熟，长势旺盛，休眠期短，笋茎绿色，粗细均匀，鳞芽包裹紧密，喜肥水，抗逆性强，耐疫霉属病害，抗锈病。

A.5　丰岛1号

植株高大，生长势强，早熟，高产，嫩茎绿色、粗大、近圆柱形，笋尖圆锥形，顶端和基部带淡紫色。

A.6　丰岛2号

植株高大清秀，丰产性好，耐湿性极强，嫩茎深绿色、圆柱形、较粗大，笋尖圆锥形，鳞片紧密，顶端和基部带淡紫色，笋形优美，对多种病害有一定程度的耐病性。

庄伯伯是德国阿尔滋化工有限公司（原德固赛公司）生产的黑色小颗粒农药性肥料，主要成分为氰氨化钙，含氮（N）19.8%，含氧化钙（CaO）50%，pH值12.5左右，具有缓释氮肥、减少土传病害、驱避杀死地下害虫、抑制杂草萌发、改良土壤、提高土壤肥力和作物品质的作用。

多功能土壤改良型缓释颗粒肥庄伯伯

庄伯伯施入土壤后在一定温度条件下遇水反应生成氢氧化钙和酸性氰氨化钙，与土壤胶体上的氢离子发生阳离子代换后，形成土壤胶体钙，能够有效防止钙的固定，显著提高钙肥利用率，是含钙量和钙的有效性都较高的钙肥，特别是能改善作物钙肥营养，对多种作物因缺钙引起的生理性病害具有良好的防治效果。酸性氰氨化钙与土壤胶体上的氢离子发生阳离子代换后，进一步生成单氰胺和双氰胺。单氰胺能够抑制多种作物的多种病害（特别是土传病害）的休眠孢子和菌核的萌发，能够抑制菌丝体的生长，同时促生非病原真菌（如青霉素类，青霉素类对单氰胺不敏感），达到土壤杀菌消毒的目的。同时，单氰胺对地下害虫的卵和幼虫有杀伤作用，对地下害虫的成虫有驱避作用，从而达到防治地下害虫的目的；对杂草种子萌发的根和胚芽有杀伤作用，从而抑制杂草萌发和生长，降低杂草基数。单氰胺、双氰胺和水继续反应生成尿素，尿素逐渐水解成铵态氮，铵态氮再转化成硝态氮被作物吸收利用。双氰胺还具有硝化细菌抑制剂的作用，延缓铵态氮向硝态氮转化，延长铵态氮在土壤中存在的时间，减少氮肥淋失，肥效时间可达90~120d，使庄伯伯成为缓释氮肥。

庄伯伯是一种强碱性肥料，对土壤酸性具有调节改良作用，在酸化严重的砂质土壤中使用效果更明显。在试验研究中，东洲街道朱寿龙经处理过的芦笋产量比不经处理的增加24.6%~29.5%，常安镇张爱清经处理过的芦笋产量比不经处理的增加16.6%~24.6%。

在20世纪60—70年代，我国曾将粉末状石灰氮应用于水稻基肥、调节土壤酸碱度、补充植物钙素等农业生产方面。由于粉末状石灰氮使用不方便，存在安全隐患，使用逐步减少。庄伯伯采用了先进的造粒技术，微型颗粒剂比粉末状石灰氮使用安全性高。庄伯伯在作物体内和土壤中均没有残留污染，是生产无公害绿色农产品的理想肥料，对保护生态环境具有积极的意义。